全新修訂版

咖·啡·聖·經

咖啡聖經　推薦序

對於咖啡初學者而言，最普遍的困擾當屬於書籍的挑選，如何在茫茫書海中挑選適合咖啡迷閱讀入門的書，總是困擾著許多初學咖啡的同好們。

相對的，對於咖啡書籍的作者而言，最困難的任務，莫過於撰寫一本綜合性的咖啡入門書籍，如何在浩瀚的咖啡知識庫大海之中，以自身專業經驗擷取適當的資訊，然後再深入淺出地寫出一本適合大眾閱讀、內容又不流於膚淺庸俗的咖啡入門專書，是非常不容易的一件事！

很開心《咖啡聖經》終於發新修版，本書作者安妮特・穆德維爾是英國最頂尖的咖啡烘焙品牌之一Square Mile Coffee Roasters的共同創辦人兼首席烘焙師，安妮特在多年的咖啡專業生涯中身兼多種角色，包括咖啡吧台手（Barista）、咖啡烘焙師、生豆採購者、品牌總監、以及親身參與全球各式大大小小的咖啡競賽擔任評審，並贏得2007年世界杯測冠軍，目前她擔任的主要角色是旅行於咖啡產地，尋找採購咖啡豆並協助提昇產地咖啡品質。擁有這麼豐富專業歷練的人來撰寫一本給初學者閱讀的咖啡專書，毫無疑問地是讀者之福。

這本書的撰寫初衷是告訴讀者「關於咖啡，你所該知道的一切」，坦白說，這是一個非常難做到的目標，安妮特也確實做到了。2015年的版本使用很大的章節篇幅介紹35個最常見而且重要的咖啡產地，修訂版則是增添至48處產區，從品種、栽植、到後製處理法，全部配合精緻的圖說，讓閱讀者一目了然，可以很快地抓到重點。

接下來作者教你如何選購市面上的咖啡豆產品、如何閱讀產品標籤，並帶你認識目前精品咖啡世界最常用的沖泡器具，以圖文並茂方式教你使用這些咖啡器具，內容涵蓋杯測、手沖、義式咖啡、咖啡拉花……。閱讀到這裡，你已經知道每粒咖啡豆的由來故事，並且具備自己煮出一杯好咖啡的能力！

最讓我眼睛一亮的，是除了豐富無比的咖啡知識以外，本書中還附上將近70種的咖啡食譜，不只常見的花式咖啡作法，連一些罕見的咖啡食譜全都一次通通給你，例如北歐地區煮咖啡加雞蛋的手法你試過了嗎？「深入淺出、內容正確、圖文並茂容易閱讀」，是我推薦這本書的三大原因。如果你正在找一本綜合性的咖啡入門書籍，這本書是一個好選擇。

Fika Fika Cafe 創辦人, 2013 北歐盃咖啡烘焙大賽冠軍　陳志煌

咖啡之所以會令人深深著迷，是因其有著千變萬化的風味，而造就出這些迷人風味的，源自於咖啡的產地風土、栽植品種、後製處理、烘焙深淺、萃取技巧等諸多因素。在《咖啡聖經》的書裡面，將以上這些細節，深入淺出地為想要踏入咖啡領域的朋友們加以剖析，同時也就咖啡的歷史文化加以介紹，帶領大家逐漸洞悉這咖啡殿堂的奧妙。最後，才是器具使用與各種咖啡食譜的製作方法，不管是由理論到實做，或者反向而為之，兩者都是想要成為咖啡大師的必修學分。

《咖啡聖經》這本書最讓大叔感到驚訝的，是關於咖啡產地介紹的章節，以往對於非洲、中美洲、亞洲等產地，通常只是有個國家名稱和生豆圖片，以及風味描述而已。但在這本書裡，還附上標註有詳細地名的產區地圖和產季、市占率、產量等資料。以衣索比亞為例，你就能很直觀的了解到西達摩、耶加雪菲、利姆、哈拉的相對位置，水洗耶加的柑橘酸香、日曬西達摩的熟果香甜，這些咖啡的風味似乎瞬間就在地圖上浮現。

盡信書不如無書，看書當然不能只看一本，看完後的第一件事情，就是要為自己煮杯咖啡！由擔任過WBC世界盃咖啡師大賽評審、CoE卓越盃生豆評鑑競賽評審的安妮特·穆德維爾所著《咖啡聖經》，也介紹各種沖煮咖啡的道具，像是義式咖啡機、法國壓、手沖、愛樂壓、賽風咖啡、冰滴咖啡壺等方法，並且詳錄了多達70種的咖啡製作方法，連加入像威士忌這種烈酒的咖啡調酒配方也都有唷！

咖啡，你可以透過各種不同的面向來觀察她、品味她，主觀地愛好當然難免會有，像是有人偏愛淺烘的酸甜可口、有人就非得要深烘的苦濃餘韻。但在深深愛上的同時，就會想要了解更多關於她的事情，無時無刻都離不開咖啡，在家自己煮、出門就往咖啡店裡去，到世界各地旅行，第一個要安排的景點就是當地著名的咖啡館。如果你是已經到達這個境界的朋友，那也不用大叔多說，看到有新出版的咖啡書，買回家就是，讓它跟書架上的其他夥伴們能湊在一塊，就像是把來自不同產地的咖啡豆給調和在一起似的，才能產生出意想不到的絕佳風味。

咖啡大叔　許吉東

目錄

簡介
INTRODUCTION

咖啡廳文化 CAFÉ CULTURE

對全球數百萬人而言，坐在咖啡廳裡品嚐美味的咖啡，可說是人生的一大享受。而精緻咖啡館裡專業的咖啡調理師替你量身打造、烹煮出的高品質咖啡，則讓這樣的經驗更加醉人。

咖啡廳經驗

從沖煮咖啡歐蕾（café au lait）的巴黎咖啡廳到提供無限續杯咖啡的德州小館，咖啡廳在歷史悠久的咖啡傳統中占有關鍵的一席之地。咖啡在中國、印度、俄國及日本大受歡迎，咖啡廳的來客數達到前所未有的高峰。儘管飲用咖啡在許多人看來可謂再普通不過的日常小事，但對無數人來説，仍然是新奇又刺激的經驗。

隨著這波新興咖啡熱潮，每天都有越來越多的精緻咖啡廳在世界各地開幕，供大眾品嚐各式品種、烘法與不同特色的咖啡，不再只有咖啡行家得以「一親芳澤」。對於懂得欣賞品質、永續和投入的人來說，精緻咖啡廳提供了一個讓人互動交流、探索新口味，又能感受獨特氣氛的絕佳場所。

咖啡在許多人看來只是
生活的一部分，
但對一些人來說，
則是新奇又刺激的經驗。

咖啡精神

　　咖啡從莊園到杯中的漫漫長路往往稍一不察就會被視為理所當然。並非所有人都知道咖啡豆是一種果實的種子，或知道咖啡豆在研磨、烹煮前必須先經過烘焙。越來越多咖啡廳將咖啡當作一種新鮮的季節性產品（而事實上也的確如此），致力推廣其為一種在種植及調製上需要相當技術的飲品，強調並頌揚其變化多端的獨特風味，讓這些咖啡豆的出處及背後的人文風土得以廣為流傳。

　　多虧精緻咖啡廳，咖啡愛好者對咖啡錯綜複雜的生產、交易及烹調過程認識越來越深入。咖啡栽種者所面臨的挑戰——低價剝削及詭譎市場——促使對永續商業咖啡的需求大增。當論及食物及酒時，大家總相信「一分錢，一分貨」，而現在了解咖啡亦是同樣道理的人數也正急遽上升。

　　供給、需求、成本與生態之間的平衡仍然是一大未知的挑戰，而精緻咖啡公司則標榜著對品質、來源透明化以及永續的強調。由於對咖啡栽種及烹調日漸重視的文化變遷，精緻咖啡廳的重要性已經不可同日而語。

咖啡調理師

　　精緻咖啡廳的咖啡調理師相當於酒界的侍酒師，擁有專業知識，能夠指導你如何烹煮咖啡，除了帶來令人興奮的咖啡因之外，還可讓咖啡嚐起來更有趣、更刺激——最重要的是——更美味。

咖啡之旅 THE JOURNEY OF COFFEE

咖啡散播全球各地的過程與世界歷史息息相關，交織著宗教信仰、奴隸制度、走私偷運、男歡女愛以及公眾社群。儘管疏漏在所難免，我們仍可借助事實與傳說來一場咖啡之旅。

早期發現

　　至少在一千年前，咖啡就已經被發現了。雖然無法肯定，但許多人相信阿拉比卡咖啡（Arabica）起源於南蘇丹及衣索比亞，羅布斯塔咖啡（Robusta）則來自西非。早在其種子被烘焙、研磨並烹煮成我們現今所飲用的咖啡以前，咖啡果及葉子即被用做提神。非洲遊牧人混合了咖啡豆、油脂與香料，替長期離家的牧羊人創造出「能源補給吧檯」（energy bars）。咖啡葉及咖啡果的果皮也被拿來煮沸，混製成富含咖啡因的提神飲料。

　　一般認為咖啡是由非洲奴隸帶到葉門及阿拉伯的。在15世紀，一群被稱為蘇菲（Sufi）的伊斯蘭教苦修者飲用一種以咖啡果製成的茶──稱為咖許（quishr）或阿拉伯酒──來幫助他們在夜間祝禱中保持清醒。其刺激功效之名傳開後，許多廳館隨之開幕，供商旅及學者隨心暢飲並交流，號稱「智者之所」（schools for the wise）。

雖然有些人對「咖許」是否符合回教教義有所疑慮，但這些早期的咖啡廳依舊屹立不搖，大大促進咖啡的普及。到16世紀時，阿拉伯人已經開始烘焙、研磨咖啡豆，沖煮出的咖啡與我們現在所享用的大致相同，並進一步傳播到土耳其、埃及與北非各地。

墨西哥
海地
牙買加
馬丁尼克
加勒比地區
中美洲
蘇利南
法屬圭亞那
巴西
南美洲

圖例

➡ **17 世紀**	➡ **18 世紀**	➡ **19 世紀**
· 葉門到荷蘭	· 法國到海地、馬丁尼克、法屬圭亞那及留尼旺島	· 巴西到東非
· 葉門到印度	· 留尼旺到中南美洲	· 留尼旺到東非
· 荷蘭到印度、爪哇、蘇利南及法國	· 馬丁尼克到加勒比地區、中南美洲	
	· 海地到牙買加	
	· 法屬圭亞那到巴西	

殖民散播

最早進行咖啡貿易的阿拉伯人對咖啡相當保護，必定將生豆煮熟，令他人無法隨意栽種。

然而，在17世紀前葉，一位伊斯蘭教苦修者偷偷將咖啡種子從葉門帶到印度，甚至有位荷蘭商人將咖啡種子由葉門走私至阿姆斯特丹栽種。到17世紀末葉，咖啡已被廣泛種植於荷蘭殖民地，特別是印尼各地。

加勒比地區及南美殖民地於18世紀初期紛紛開始種植咖啡。法國人從荷蘭人手中收到作為贈禮的咖啡種子後，將其攜至海地、馬丁尼克及法屬圭亞那。荷蘭人把咖啡種在蘇利南，英國人則把咖啡從海地帶往牙買加。

西元1727年，一位葡萄牙海軍軍官奉命從巴西前往法屬圭亞那，將咖啡種子帶回。據說他被拒絕後，轉而求助總督夫人，誘其將插滿咖啡種子的花束送給他。

從南美及加勒比地區為起點，咖啡逐漸傳往中美洲及墨西哥。到19世紀末時，咖啡種子回到位於非洲的殖民地故鄉。

時至今日，咖啡產地已擴展到許多新世界，尤其是亞洲地區。

荷蘭

法國

葉門

印度

東非

爪哇

留尼旺島

**咖啡在短短幾百年間傳遍世界各地，
更從一開始的飲品轉變為商品。**

品種及變種 SPECIES AND VARIETIES

就跟釀葡萄酒的葡萄以及釀啤酒的蛇麻一樣，長出咖啡果的咖啡樹也有各式各樣的品種及變種。雖然散播到世界各地的只有其中幾項，但新種仍持續不斷被引進栽種。

咖啡品種

這種會開花的樹在生物分類學中被稱為「咖啡屬」（Coffea），隨著科學家不斷發現新品種，「咖啡屬」的分類方式也不斷在進化。無人確知「咖啡屬」的實際數量，但到目前為止已經確認的大約有124種，比20年前多了不只一倍。

野生的咖啡主要生長於馬達加斯加及非洲，還有馬斯克林群島（Mascarene Islands）、科摩洛（Comoros）、亞洲和澳洲。作為經濟作物大量種植的只有阿拉比卡種（Coffea arabica，俗稱阿拉比卡）以及加納弗拉種（Coffea canephora，俗稱羅布斯塔），約占全球產量的99％。據信阿拉比卡種是在衣索比亞與南蘇丹交界處，由加納弗拉種及歐基尼奧伊德斯種（Coffea eugenioides）混種而成。有些國家則種植少量的賴比瑞亞種（Coffea liberica）及依克賽爾塞種（Coffea excelsa），以滿足當地需求。

阿拉比卡與羅布斯塔

阿拉比卡的栽培種類繁多，有關其如何散播世界各地的紀錄不全且部分矛盾，可以確定的是在衣索比亞及南蘇丹的數千種原始品種中，只有少部分被帶離非洲，首先到葉門，接著傳到其他國家（p10～11）。

這些樹種被稱為「鐵比卡」（Typica），即「典型」咖啡之總稱。種在爪哇的鐵比卡樹可說是傳播到世界各地之咖啡樹的基因始祖。另一種較為人所知的是波旁種（Bourbon），為鐵比卡種的自然突變，大約出現於18世紀中到19世紀末的波旁島（也就是現在的留尼旺島）。現今大部分的品種都是鐵比卡種或波旁種的自然突變或人工改良品種。加納弗拉種為西非的土生植物，種植於爪哇、傳播到幾乎全球阿拉比卡生產國的咖啡幼苗便是來自比利時屬剛果。這些品種為數眾多，不過一般都簡單稱之為羅布斯塔。此外，為了創造出新品種，阿拉比卡與羅布斯塔常被種植在一起。

影響咖啡外觀與口感的因素眾多，例如土壤、日照、降雨型態、風勢、害蟲以及病害。許多品種在基因上大同小異，但在名稱上則因地制宜，這使得要正確標誌阿拉比卡及羅布斯塔的演化相當困難。14頁的〈咖啡家族〉則標出一些最常栽種的品種。

咖啡屬

日照

大多數的品種偏好全蔭或半日照，部分則被培育成接受全日照。

降雨型態

不論農場所在地是終年有雨或乾濕季分明，降雨型態決定了咖啡的花期。

風勢

冷熱空氣的流動會影響咖啡果的熟成與口感。

咖啡屬

界：植物界

綱：木賊綱

亞綱：木蘭亞綱

總目：菊總目

目：龍膽目

科：茜草科

亞科：仙丹花亞科

族：咖啡族

屬：咖啡屬

主要商業品種：阿拉比卡種、加納弗拉種（俗稱羅布斯塔）

果實串

咖啡果會沿著枝條生長成串。

咖啡花

咖啡花帶有香氣，聞起來像茉莉。

未熟的咖啡果

果實成熟前是綠色、堅硬的。

軟化的咖啡果

果實慢慢變色並軟化。

成熟的咖啡果

大多數的果實會變成紅色，少數品種例外。

過熟的咖啡果

顏色變深的果實較甜，但也即將腐敗。

橫截面圖

每一顆果實都包含果膠層、內果皮（羊皮層）及種子（p16）。

咖啡家族 THE FAMILY TREE

這棵簡化的族系樹有助於解釋咖啡家族裡的主要關係。隨著植物學家不斷
發現風味與特性相異的新品種，這棵族系樹將持續生長茁壯下去。

所有現存咖啡品種之間的關係需要更多研
究才能釐清。目前這張圖表標示了屬於茜草科
的4種品種：賴比瑞亞、羅布斯塔、阿拉比卡與
依克賽爾塞。在這4種品種中，只有阿拉比卡與
羅布斯塔為經濟作物（p12～13）。通稱為羅布
斯塔的加納弗拉種，一般被認為在品質上不如
阿拉比卡種。

阿拉比卡種下主要有原生種、鐵比卡種、
波旁種及鐵波混種。羅布斯塔種偶爾也會和阿
拉比卡種雜交產生新品種。

混種

羅素娜	卡帝汶＋鐵比卡
阿拉巴斯塔	阿拉比卡＋羅布斯塔
德筏麥奇	阿拉比卡＋羅布斯塔
帝汶混血品種	阿拉比卡＋羅布斯塔
依卡圖	波旁＋羅布斯塔＋新世界
魯伊魯11號	羅米蘇丹＋K7＋SL28＋卡帝汶
莎奇汶	薇拉莎奇＋帝汶混血品種

加納弗拉種（羅布斯塔）

賴比瑞亞種

命名玄機

阿拉比卡種通常是以其原
產地命名，有時會有拼字及
俗名的差異，例如Geisha
及Gesha皆為「瑰夏種」，
又稱為「阿比西尼亞種」
（Abyssinian）。

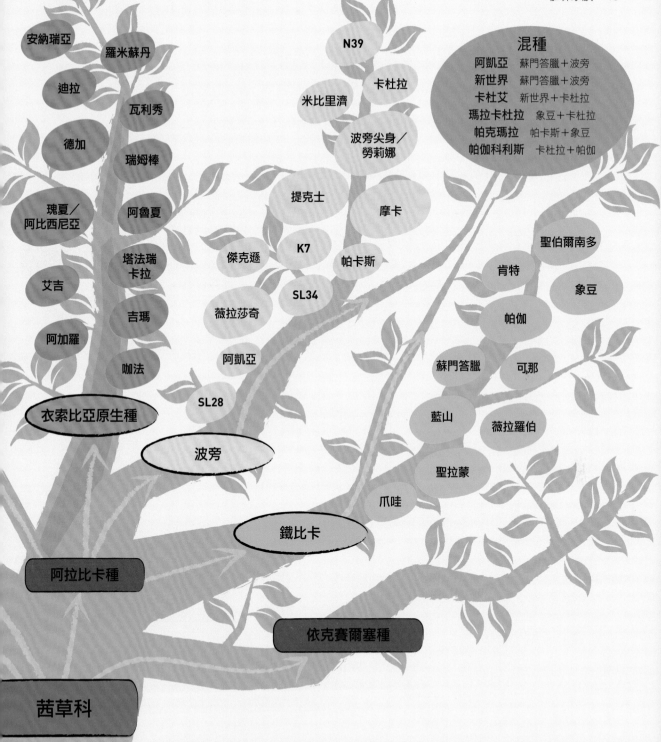

安納瑞亞

羅米蘇丹

迪拉

瓦利秀

德加

瑞姆棒

瑰夏／
阿比西尼亞

阿魯夏

艾吉

塔法瑞
卡拉

吉瑪

阿加羅

咖法

衣索比亞原生種

N39

卡杜拉

米比里濟

波旁尖身／
勞莉娜

提克士

摩卡

傑克遜

K7

帕卡斯

SL34

薇拉莎奇

阿凱亞

SL28

波旁

混種

阿凱亞	蘇門答臘＋波旁
新世界	蘇門答臘＋波旁
卡杜艾	新世界＋卡杜拉
瑪拉卡杜拉	象豆＋卡杜拉
帕克瑪拉	帕卡斯＋象豆
帕伽科利斯	卡杜拉＋帕伽

聖伯爾南多

肯特

象豆

帕伽

蘇門答臘

可那

藍山

薇拉羅伯

聖拉蒙

爪哇

鐵比卡

阿拉比卡種

依克賽爾塞種

茜草科

栽種與採收 GROWING AND HARVEST

咖啡樹為常綠灌木，栽種在氣候與緯度適宜的七十餘國，受到悉心照料，
種植約3到5年後才開花，並結出像櫻桃般的咖啡果。

咖啡果在採收期間從樹上被摘取下來，每顆果實含有兩粒種子，經過處理後（p20～23）便成了咖啡豆。作為經濟作物的咖啡樹品種主要有阿拉比卡種及羅布斯塔種（p12～13）。羅布斯塔種的產能高、抗蟲病力佳及富含土味，通常先在苗圃插枝育種，幾個月後才移植到莊園栽種；阿拉比卡種的栽培則多靠種子繁殖（如下），其咖啡果之風味通常較佳。

栽種阿拉比卡

以健康的阿拉比卡樹為母株，由其成熟的果實中取出種子，進行一連串的栽種過程。

3個月　4個月　5個月

在去除果實的果皮、果肉後，將帶有內果皮的**種子**播種於苗圃中。

種子發芽後，會長出主根並支撐起幼苗，狀似「阿兵哥」。

內果皮是一層保護殼。

銀皮是一層薄膜。

果膠或果肉是介於內果皮和外果皮之間的黏膠含糖層。

每顆果實都包含兩粒種子，經過處理後，便成了所謂的「咖啡豆」（p20～23）。成雙的種子平坦而相對，但偶爾會出現受精異常的果實，產生只有一粒型態圓滾的種子，稱為「圓豆」（peaberry）。

咖啡的花朵和果實對強風、日照及
凍霜特別敏感，
這些栽種條件都將大大影響咖啡的品質。

9個月

「**阿兵哥**」漸
漸長成一棵帶
有12至16葉的
小樹後，再移
植到莊園裡。

土壤在移植咖啡
樹時，必須保留
以保護其根部。

3～5年

咖啡樹在繼續種
植至少3年後，才
會開第一次花。

咖啡花開後，便慢
慢長成咖啡果。

3～5年

咖啡果在樹枝上成熟，顏色漸
漸變深，直到可進行採收。品
質最好的咖啡果生長在遮蔭
下，近赤道、高海拔是幫助其
達到最佳溫度的必要條件。

採收期

　　一年之中，阿拉比卡種或羅布斯塔種不論何時都在世界上某個角落被採收。有些國家或地區每年會密集採收一次，有些則是每年分為兩次，甚至採收期長達整年之久的都有。

　　根據品種不同，咖啡樹能長高到數公尺不等，但為了方便進行較普遍的人工採收，通常會將其修剪至1.5公尺高。人工採收方式可分為一次或多次，也就是一次把未熟、成熟、過熟的果實通通採下來，或是在採收期間分成數次採收，每次只摘取已經熟成的果實。

　　有些國家會使用機器採收，將枝條脫光，或輕搖樹幹使熟成的果實脫落集中。

樹種產量

　　若是照料得宜，一棵健康的阿拉比卡種咖啡樹每季能夠產出約1～5公斤的咖啡果，而約5～6公斤的咖啡果能收集出1公斤的咖啡豆。不論是脫枝、人工或機器挑選摘採下來的咖啡果，都必須經過好幾道水洗或乾燥式的手續處理（p20～23）取出咖啡豆，再依照品質分類。

未成熟的阿拉比卡果實
又大又圓的阿拉比卡種咖啡果每簇大約有10～20顆，成熟時會從枝條上掉落，因此必須細心監控並時常撿收。咖啡樹能長到3～4公尺高。

已成熟的羅布斯塔果實
羅布斯塔種咖啡樹能生長達到10～12公尺高，採集者可以使用梯子進行採收。每簇約有40～50顆小而圓的果實，成熟時並不會掉落到地面。

阿拉比卡 VS 羅布斯塔

咖啡樹的兩大品種在植物學及化學上擁有截然不同的特徵及品質，這決定了其自然生長並永續量產的地區，也會影響咖啡豆之分類及價格，更是其風味的指標。

特徵	阿拉比卡種	羅布斯塔種
染色體　阿拉比卡種的染色體結構說明了為何咖啡豆的風味如此複雜多變。	**44條**	**22條**
根部結構　羅布斯塔種的根部碩大，分布較淺，所需的土壤深度及孔隙率與阿拉比卡種不同。	**深**　每棵咖啡樹間應該保持1.5公尺的距離，確保其根部有寬裕的伸展空間。	**淺**　每棵咖啡樹間必須保持至少2公尺的距離。
理想氣溫　咖啡樹極易受到霜害，因此必須避免種植在易受低溫侵襲之處。	**15～25℃**　阿拉比卡種適合生長於溫和的氣候。	**20～30℃**　羅布斯塔種能夠承受高溫。
高度及緯度　兩種咖啡樹皆生長於南北回歸線之間。	**海拔900～2,000公尺**　高海拔的地方較能滿足其所需的溫度及雨量。	**海拔0～900公尺**　羅布斯塔種不需涼快的氣溫，因此適種於低海拔。
雨量　降雨有助於咖啡樹開花，但過多雨量對花朵與果實皆有害，過猶不及。	**1,500～2,500毫米**　阿拉比卡種的根部較深，因此可在頂層土壤乾燥的情況下生長。	**2,000～3,000毫米**　羅布斯塔種的根部較淺，因此需要頻率較高、雨量較多的降雨。
花期　兩種咖啡樹都在降雨後開花，但受降雨頻率影響而有所不同。	**降雨後**　阿拉比卡種栽種於濕季明顯的區域，因此較易預測其開花時間。	**不規律**　羅布斯塔種栽種於氣候較不穩定、乾燥的區域，因此開花時間較不固定。
結果時間　不同品種由開花到結出成熟果實的時間長短不一。	**9個月**　阿拉比卡種所需的成熟時間較短，使得生長週期外有充裕的時間修剪及施肥。	**10～11個月**　羅布斯塔種的成熟速度較慢、時間較長，採收期較不密集。
咖啡豆含油量　含油量影響芳香，因此是芳香度的指標。	**15～17%**　高含油量使其觸感光滑柔順。	**10～12%**　低含油量使羅布斯塔種濃縮咖啡有層濃厚穩定的咖啡脂。
咖啡豆含糖量　烘培咖啡豆時會改變其含糖量，因而影響其酸度及口感。	**6～9%**　烘焙好的豆子應帶有宜人的自然甜味，其甜味來自焦糖化而非燒焦的糖分。	**3～7%**　甜度較阿拉比卡種咖啡豆低，口感較苦澀，留有綿長的強烈餘韻。
咖啡豆咖啡因含量　咖啡因是天然的殺蟲劑，因此高含量可增強咖啡樹的抗蟲力。	**0.8～1.4%**　一些像是尖身波旁的稀有品種幾乎不含咖啡因，但產量少、難以種植。	**1.7～4%**　高咖啡因含量使其較不受盛行於濕熱氣候的疾病、菌類及昆蟲侵害。

處理法 PROCESSING

在變成咖啡豆之前，咖啡果必須經過處理。世界各地的處理方式不盡相同，
但主要可分為乾式（日曬法）和濕式（水洗法或半日曬法）。

咖啡果在完全成熟時最為甘甜，因此最好在採收後幾小時內處理，以保存其風味。處理過程能夠造就一杯好咖啡，但也可能加以破壞。如果沒有小心進行，就算是再怎麼悉心栽種與採收的咖啡果都有可能毀於一旦。

咖啡果的處理方式有很多種。有些咖啡農選擇自行加工，他們擁有自己的機器，在售出前完全控管咖啡豆。有些咖啡農則將咖啡果賣給集中作業站，由其負責曬乾或脫殼。

準備階段

兩種處理方式的起始步驟相異，但目的相同，都是為了之後進行咖啡果的乾處理而準備。

濕式

1　將咖啡果倒入水槽。一般是將未熟及成熟的果實通通倒入，但最好的作法是只挑選成熟的果實。

2　將果實放進脫皮機去除外果皮（p16）。機器會脫去外果皮，但保持果膠部分的完整。脫下的果皮可作為莊園、苗圃的堆肥或肥料。

3　將果膠包覆的咖啡豆依照重量分批擺放。

咖啡果
新鮮的咖啡果有2種處理方式，一種是上方較為繁複的水洗法，另一種則是下方的沖洗日曬法。

乾式

日曬法（Natural）

1　將所有咖啡果快速沖洗或浸泡，使其與其他雜質分離。

2　將果實取出移至天井或架高的棚架，擺放曝曬約2週。

在日曬下，咖啡果逐漸失去鮮豔色彩，並乾枯皺縮。

半日曬法／蜜處理法（Pulped Natural）

4　將含糖果膠包覆的咖啡豆置於天井或戶外空地曬乾。通常會鋪成2.5～5公分厚，並定時耙翻以確保均勻乾燥。

幾天後，一層含糖黏膠狀的果膠仍然包覆著乾燥的咖啡豆。

5　根據氣候，將咖啡豆放置7～12天自然陰乾。若是咖啡豆太快乾燥，會產生缺陷、縮短倉儲時間並影響風味。有些地方會使用大型烘乾機（guardiola）來輔助咖啡豆乾燥。

完全乾燥後，帶有內果皮的咖啡豆看起來有點淡紅或棕色的斑駁。

水洗法（Washed）

4　咖啡豆在水槽裡浸泡並發酵12～72小時，直到果膠崩裂脫離。有時會浸泡兩回以帶出香氣或改變外觀。

5　果肉完全移除後，將內果皮包覆的乾淨咖啡豆取出，移至水泥地或架高的棚架曬乾4～10日。

6　以人工方式挑選內果皮包覆的咖啡豆，將受損的咖啡豆剔除，並翻動助其乾燥。

乾燥後，內果皮包覆的咖啡豆將呈現乾淨一致的米黃色。

經過日曬乾燥後，咖啡果會縮水變成褐色。

一般來說，
濕式處理能醞釀出
咖啡豆內在的
天然香氣。

乾處理階段 ⟶

乾處理階段

　　將經過日曬法、半日曬法或水洗法處理過的乾燥咖啡豆靜置2個月後，再於乾處理廠進行加工。

半日曬法

水洗法

日曬法

生產者將咖啡豆
依據品質分門別類。

1 咖啡豆在內果皮
待一陣子後，便
送至乾處理場。

2 乾處理廠將乾燥的果皮
及銀皮去除，露出內部
綠色的咖啡豆。

3 咖啡豆被置於桌子或輸送帶
上，以機器或人工依照品質
高低進行分類。

咖啡世界裡，
各式各樣的買家都有，
從最便宜的次級品
到最昂貴的頂級貨都有人收購。

咖啡豆一旦裝櫃上船後，
通常得花2～4週飄洋過海才能抵達目的地。

商業市場
品質中等或低劣的咖啡豆被倒進貨櫃運送。

4. 乾處理廠的機器依照咖啡豆的密度、尺寸或顏色進行分類（如下）。

處理過的咖啡豆

光學感應器

顏色分類
機器依照咖啡豆的顏色進行分類，將不同色調的咖啡豆分開來。

精緻市場
頂級的咖啡豆則以塑膠保護袋或小型真空鋁箔袋包裝運送全世界。

裝滿咖啡豆的專用保護袋
每只重達60～70公斤。

杯測 CUPPING

很多人認真品酒，但喝起咖啡卻隨隨便便。其實對咖啡的評析——也就是「杯測」——可以帶你領略前所未有的細緻風味，讓你能夠分辨、鑑賞不同的咖啡。

咖啡產業利用杯測來衡量與控管咖啡豆的品質。透過一只杯測碗，你能夠對該批咖啡豆有個快速大概的了解，不管是少數幾袋的「微批次」或好幾貨櫃的「大批次」都適用。而杯測結果通常是以百分制來表示。

從出口商到進口商、烘焙師到調理師，整個業界都在施行杯測。咖啡公司聘請專業杯測師替其尋覓、品嚐、挑選世界上最棒的咖啡豆，甚至有國家或國際級的杯測競賽，讓頂級的杯測師切磋較勁。越來越多站在第一線的咖啡農與精製場也紛紛加入杯測的行列。

在家也能輕鬆杯測，畢竟要決定自己喜歡或討厭一杯咖啡，並不需要什麼專業知識。要熟悉描述各種風味的詞彙的確得花點時間，但對世界各地不同的咖啡進行杯測，能夠讓你很快就接觸到許多用語，慢慢地你也能成為杯測高手。

需要什麼？

器具

磨豆機
電子秤
250毫升的耐熱瓷杯、玻璃杯或碗
（若無此大小的容器，可以使用
電子秤或量杯確認每份皆有相同
的水量）

材料

咖啡豆

如何杯測

你可以為每種咖啡各準備一杯來仔細探索其風味，或是一次好幾杯；可選擇沖泡已磨好的現成咖啡粉，但自己研磨的咖啡喝起來會新鮮許多（p38〜41）。

1　在各杯倒進12公克的咖啡豆，分別研磨至顆粒大小如沙礫狀後，再倒回原杯（見「TIP」）。

2　以相同步驟處理其他咖啡豆，但在研磨另一種咖啡豆前，先取一湯匙該種咖啡豆研磨後並丟棄，藉此「清洗」磨豆機，再接著研磨實際杯測的分量。

3　所有杯子皆裝妥研磨好的咖啡粉後，靠近聞一聞，比較各種咖啡的乾香氣並記錄下來。

TIP

就算同一種咖啡豆要由多人杯測，也必須分批研磨，如此一來即便其中有一粒壞豆，也只會影響到其中一杯而非全部。

4 將清水煮沸，然後放涼到大約93～96℃後，再倒入杯中，務必使咖啡粉完全浸泡。將各杯裝滿，或使用磅秤／量杯確保添加正確的水量。

5 讓咖啡靜置4分鐘。此時可評比「粉層」（crust）──漂浮在上層的咖啡渣──的濕香氣，但小心別提起或碰撞到杯子。不同咖啡的濕香氣可能有濃淡、好壞之分。

6 等待4分鐘後，用湯匙輕輕攪拌咖啡表面3次，將咖啡渣撥開（破渣），使漂浮在上的咖啡粉沉澱。在攪拌不同杯咖啡前，先用熱水清洗湯匙，避免混淆風味。在破渣時，湊近杯口聞聞釋放出來的香氣，看看與前一步驟所聞到的相比是否有所變化。

7 各杯皆破渣後，用2支湯匙將漂浮在表層的泡沫及咖啡渣撈起，撈下一杯前一樣先用熱水清洗。

8 當咖啡降溫可飲用時，舀一匙咖啡起來，並伴隨些許空氣一起啜吸進入口中，使香氣布滿嗅覺系統、汁液覆蓋整個上顎，感受其口感及風味。上顎的感覺如何？稀薄、油膩、溫和、粗糙、雅致、乏味或柔滑？嚐起來像什麼？是否讓你想起其他曾經嚐過的東西？你能選出風味相似的核果、漿果或香料嗎？

9 來回比較各杯咖啡。待其冷卻、變質後再重新品嚐，並且透過紀錄來分類、描述、保存結果。

水冷卻得比你想像的還要快，所以目標溫度一到就要盡快注入。

咖啡渣在攪拌前不應該塌陷，否則表示水溫太低或烘焙不足。

破渣後，使用2支湯匙將頂層的部分撈起。

感受口感以及風味，
是柔順、黏甜、雅致還是粗糙？
餘韻相比又是如何？

風味評鑑 FLAVOUR APPRECIATION

咖啡富含各式各樣的香氣及風味。要盡情享用咖啡，
先得辨識出這些細微差異。

要改善你的味蕾非常容易，只要勤加
練習即可。「杯測」（p24～25）經驗越
多，分辨不同咖啡的能力就越強。這4個風
味輪（flavour wheel）是相當好用的工具，
好好留著，能夠幫助你分辨並比較各種咖
啡的香氣、風味、口感、酸質以及餘韻。

如何使用風味輪

首先，用大的風味輪辨識出主要的風
味，直搗其物種概略。接著，用酸質、口
感與餘韻輪進一步分析實體味覺。

1 **裝杯** 用鼻子吸氣，參照風味輪後想一
想。例如，你覺得像堅果嗎？如果是，
那麼是像榛果、花生還是扁桃呢？

2 **啜飲** 再看一次風味輪，有水果的味道
或香料的殘餘嗎？除了有什麼，也問問
自己少了什麼。辨識出大的方向，例如
水果，接著再仔細思考，決定比較像核
果還是柑橘。如果是柑橘，那麼是檸檬
還是葡萄柚呢？

咖啡風味輪有助於你分辨，具體指出所品嚐的咖啡風味。

3 **再次啜飲** 適度的酸質能夠增添新鮮度。你覺得酸質是明亮、強烈、芳醇，還是單調呢？

4 **專注口感** 咖啡有濃有淡，你的喝起來在嘴裡感覺是柔順而稠密，還是淡薄而清爽呢？

5 **吞嚥口感** 是綿綿不絕還是稍縱即逝呢？餘韻是中性、苦澀，還是令人不悅呢？從餘韻輪裡找找有沒有適合的詞彙來描述你的咖啡吧！

咖啡知多少
COFFEE KNOW-HOW

品質指標 INDICATORS OF QUALITY

咖啡公司在包裝上使用專門的術語來標示他們的咖啡，有時直接了
當地誤導，確實令人難解困惑。認識這些術語將有助於你挑選心儀
的咖啡。

辨識咖啡豆

有些咖啡包裝只標明是阿拉比卡或羅布斯塔（兩大咖啡品種，p12～13），這就好比告訴你一瓶酒是紅酒還是白酒，所得的資訊依舊不足以讓你做出明智的選購。儘管羅布斯塔一般來說是遜於阿拉比卡，但僅僅標榜「純阿拉比卡」的產品仍然是一種品質上的誤導。優良的羅布斯塔咖啡確實存在，但是相當稀有，因此購買阿拉比卡通常是比較安全的賭注。不過市面上劣質的阿拉比卡也不少，那麼，明智的消費者該注意標籤上的哪些資訊呢？

頂級的咖啡豆通常會有相當詳細的說明，例如產地、品種、製法以及風味（p33）。消費者對咖啡品質的了解已逐漸提升，因此，烘焙商也明白唯有誠實以及明確的生產履歷，才是確保消費者信賴的上上策。

綜合VS單品

商業咖啡或精緻咖啡公司會產品標示為「綜合（blend）」或「單品（single origin）」，這項資訊有助消費者了解咖啡的出處。「綜合咖啡」是由數款咖啡豆混合而成，藉此調配出特定的風味，而「單品咖啡」則是出自單一國家或莊園的某種咖啡豆。

綜合咖啡

綜合咖啡之所以受歡迎是有原因的，其一年四季穩定的風味品質便是最大的賣點。在商業界，綜合咖啡的原料及比例是高度機密，產品標籤也不會透漏咖啡豆的種類及來源。精緻烘焙商則是在包裝上清楚標示並大肆宣揚其產品成分，解釋各種咖啡豆的特色及其如何相互調和（見對頁之綜合咖啡範例）。

單品咖啡

「單品咖啡」一詞主要是指來自單一國家的咖啡。不過，單靠國別來區分咖啡還是太籠統，畢竟單一國家指的可能是該國數個地區或莊園，或是不同品種及製法的綜合，也不一定保證品質，例如純巴西豆或純某國豆，並不表示其咖啡就是百分之百優良。同樣地，你也看不出其風味如何，畢竟來自同一地區的兩種咖啡嚐起來可能大相逕庭。

「綜合咖啡」混合了來自世界各地的咖啡豆，
「單品咖啡」則是指來自同一個國家、
公司或農場的咖啡。

當精緻咖啡商在包裝上標示「單品」時，通常是想傳遞更明確的資訊：這咖啡來自某一座農場、某一間公司、某一條生產線或某一個咖啡農家。這些來源單純的咖啡常常以限量或季節性行銷，不一定一年到頭都買得到，不過只要產能持續又風味絕佳，將一味永流傳。

咖啡禮讚

不論是單品還是綜合，只要咖啡豆在種植和處理的過程中都受到妥善照顧，小心運送並依照其特性加以烘焙，就是對咖啡之獨特細緻的最佳禮讚。精緻咖啡商以此製程自豪，因此端出的是品質最頂級的咖啡。

綜合咖啡示例
烘焙師透過綜合咖啡創造出混搭的風味。以下就是一種綜合咖啡的絕佳示例，說明文字清楚交代了各種咖啡豆的來源以及其所帶入的特性。

20％的SL28
（肯亞雙A級，水洗式）

明亮酸味、
黑加侖莓味

綜合咖啡

水果、堅果以及巧克力的多重綜合，帶著甘甜的餘韻以及糖漿似的口感。

30％的卡杜拉
（尼加拉瓜，水洗式）

甘甜、焦糖味
香烤榛果味
牛奶巧克力味

50％的波旁
（薩爾瓦多，半日曬式）

均衡、李子味、
蘋果味、太妃糖味

挑選與儲存 CHOOSING AND STORING

如今要找到品質好的咖啡在家沖煮可說是前所未有的便利，即使住處附近沒有精緻咖啡廳也沒關係，許多咖啡烘焙商都在網路上販售，並供應沖煮器具，告訴你如何用他們的豆子泡出上好的咖啡。

挑選

購買地點

　　儘管咖啡也是一種講究新鮮的貨品，但鮮少超市有此概念，因此，在專賣咖啡的實體或網路商店較有機會購得質好味鮮的咖啡豆。然而，要在眾多選項及怪異敘述中理出頭緒，可不是一件容易的事。在選定一間你認為值得信賴的咖啡供應商前，務必先做點功課，注意幾項關鍵資訊，例如咖啡豆的介紹及包裝，依靠你的味蕾，多方比較並勇於嘗試，直到尋獲符合你心中品質的那一家為止。

存放
若你購買散裝的咖啡豆，務必確定其烘焙日期。最好是以有蓋容器盛裝，否則非密封包裝者只消幾天時間就會漸漸失去其鮮度。

秤重
「少量即多鮮」，可以的話，一次只購買幾天或是一週所需的咖啡豆用量就好，例如每次只買100公克。

包裝標示

　　許多咖啡在販售時包裝精美，但所提供的產品資訊卻少得可憐。若你能找到的相關資訊越多，則買到高品質咖啡的機會就越大。

單向排氣閥　新鮮的咖啡豆在烘焙後會排放二氧化碳，如果包裝不慎，導致二氧化碳排出而氧氣滲入，原有的獨特芳香將流失。有氣閥的包裝袋將咖啡豆密封在二氧化碳能出但氧氣不能入的空間，避免咖啡豆氧化變質。

日期　包裝上應該印有「烘焙暨包裝日期」，而非只有「最佳賞味期限」。大多數商業咖啡公司都不願透露其咖啡於何時烘焙或包裝，而是只給個長達一年或兩年的最佳賞味期限，這對咖啡本身或身為其消費者的你都不好。

出處　這項標示應該表明咖啡的品種及／或變種、產地，以及是綜合或單品（p30～31）。

烘焙度　烘焙度的標示相當實用，可惜其用語尚未標準化。「中度烘焙（medium roast）」依照個人標準可能指各種深淺不一的棕色；「濾泡烘焙（filter roast）」一般指的是較淺色系；「濃縮烘焙（espresso roast）」則是深色系。不過，某位烘豆師的「濾泡烘焙」也有可能比另一位烘豆師的「濃縮烘焙」顏色要來得深。內行的零售商應該可以推薦符合你個人喜好的烘焙度。

07-05-21

沙耶達農場全心製作
哥倫比亞／薇拉／皮塔利托
瑪格麗塔·瑪麗亞
莎拉賽·胡爾塔斯

100%卡杜拉
半日照種植

淺中焙
適合過濾式沖泡

本產品為精美的**水洗式咖啡豆**，由莎拉賽女士種植在皮塔利托外2公頃的農場，海拔高度達1,700公尺。在你杯中波光熠熠，帶有**鮮明的香茅酸**、野玫瑰果、青蘋果以及蜂蜜味，伴隨著**精緻濃郁的奶油口感**。

咖啡聖經烘焙公司

生產履歷　最理想的是你能夠找到公司、水洗廠、大莊園、農場主人或經理的名字。咖啡的生產履歷越清楚，則品質越有保障、價格越合理、從生產者到零售商的過程越妥善。

預期風味　必要的資訊還有咖啡的處理方式以及風味，甚至是海拔高度及有無遮蔭的資訊都可作為該咖啡豆的品質指標。

包裝

咖啡的天敵是氧氣、高溫、日光、濕氣及氣味。避免購買存放在開放容器或料斗的咖啡豆，除非該容器乾淨且有蓋子或遮板，並標示烘焙日期。若是缺乏悉心處理，這些容器是無法保存內容物的品質的。因此，盡量挑選裝在不透明且有單向排氣閥（能夠排放咖啡豆釋出的二氧化碳、避免氧氣滲入的塑膠小圓盤）密封袋內的咖啡豆；而牛皮紙袋所能提供的保護有限，所以這種咖啡豆只能當作瘦身咖啡。避免購買真空包裝的咖啡豆，因為這表示在包裝前，那些豆子就已經停止排氣並開始腐敗。購買越新鮮的咖啡豆越好，畢竟烘焙完一週就算是老豆。

一分錢就有一分貨嗎？

最便宜的咖啡肯定沒好貨，畢竟低價無法支持應該有的生產成本。而昂貴的咖啡也要小心，因為供應商很可能砸大錢搞行銷，例如昂貴又以假貨居多的動物糞便咖啡或異國島嶼咖啡。消費者以高價購得的可能只是品牌形象，而非絕佳風味。事實上，品質高低的咖啡價差並沒有那麼大，因此，要沖一杯真正的好咖啡絕對是你我都付擔得起的高貴享受。

TIP

越來越多注重品質的咖啡廳推出單杯咖啡壓濾器，例如愛樂壓（Aero-Press），並搭配其自家的咖啡豆銷售。可以請咖啡調理師推薦並指導你使用，自己沖煮一杯專業的咖啡。

廉價與精品咖啡間的價差之大是許多人所無法想像的。

保存

　　購買未研磨的咖啡豆並投資一臺家用磨豆機，是確保你在家喝到新鮮咖啡的最佳方式。事先研磨好的咖啡粉只消幾小時就會變質，而完整的咖啡豆可保鮮數日，若是密封妥當，甚至可達數週之久。此外，每次購買一至二週的飲用分量即可。記得購買未研磨的咖啡豆，投資一臺手動或自動的家用磨豆機（p38～41），每次只研磨沖泡所需的分量就好。

請這樣保存

　　將咖啡豆存放在密封的容器內，置於乾燥陰涼且遠離異味處。若是包裝袋不符上述條件，則將包裝袋置於保鮮盒或類似的容器內。

別這樣保存

　　避免將咖啡豆存放在冰箱裡，但若有長期保存的需要，可將其冷凍，每次只拿出要沖泡的分量解凍即可；已經解凍過的咖啡豆不要重複冷凍。

比較變質與新鮮的咖啡

新鮮且烘焙良好的咖啡具備濃郁甘甜的香氣，而非刺鼻、酸溜或金屬味。二氧化碳的含量是新鮮度的最佳指標。在此視覺比較中，2杯咖啡都是以「杯測」法（p24～25）進行沖泡。

新鮮咖啡

當新鮮咖啡所含的二氧化碳與水起化學反應時，會在表層產生泡沫，持續一兩分鐘後才停歇，此現象被稱為「悶蒸（bloom）」。

變質咖啡

變質咖啡不含或僅有些許二氧化碳可與水起化學反應，形成平坦黯淡的薄層。咖啡粉可能非常乾燥，難以浸濕。

居家烘焙 HOME ROASTING

自己的豆子自己烘，在家就能烘出個人偏好的風味。你可以使用電動烘豆機，依照設定好的程序即可，或是直接在爐子上將鐵鍋加熱，不停翻動其中的咖啡豆也行。

烘焙方法

　　要拿捏好時間、溫度以及整體烘焙度需要下點功夫練習，但經由烘焙，能讓人深入了解咖啡豆的潛在風味，過程既引人入勝又教人心曠神怡。只要保持在安全範圍內，都可任意實驗嘗試，直到找出理想的專屬烘焙法。要烘出好看又好喝的咖啡豆並無放諸四海皆準的方法，隨時記錄烘焙過程及風味結果，很快就能抓到其要領。整個烘焙時間大概要控制在10至20分鐘內，時間過短，豆子會太生而澀；時間過長，則口感平淡而空洞。若是使用電動烘豆機，遵照使用手冊操作即可。

烘焙階段

　　咖啡豆在烘焙過程中會產生變化，體積會增加、表面變光滑，並散發出一系列的香氣。

尚未烘焙的生豆
生豆在烘焙前為綠色，若是直接拿來沖煮咖啡，會帶出植物的味道。

0分鐘

6分鐘

高壓
隨著咖啡豆中水分的溫度上升，其內部的壓力逐漸累積，顏色則持續加深。部分豆子會轉為看似烘焙完成的棕色調，不過一旦到達下一個關鍵步驟——第一爆——又會短暫的稍微變白。

3分鐘

乾燥階段
烘焙初期稱為乾燥階段，此時咖啡豆由綠轉黃再變為淺褐色。在此階段中，水分蒸發，酸類會起反應而分解，使豆子不再有植物的原味，聞起來像是爆米花或吐司麵包，至於顏色的變化則讓豆子看似長了皺紋。

生咖啡豆

　　若你採用新鮮優質的咖啡生豆（線上或實體專賣店皆可購得），很快便能在家烘焙出足以媲美市售的豆子。但你必須做好再三嘗試的心理準備，就算是頂級的咖啡豆，其風味也很可能在烘焙後遭到破壞。

　　劣質或存放已久的生豆再怎麼烘焙也沒有用，頂多只能藉由深焙後的焦味掩蓋其平淡、單調帶麻袋味的口感。

13分鐘

烘焙階段

糖分、酸類及其他化合物一一反應，形成其風味。其中酸類會分解、糖分焦糖化，細胞結構則變乾而脆弱。

> **TIP**
>
> 烘焙到你滿意後，讓豆子冷卻2～4分鐘，並排氣一兩天後再使用。若你要用來沖煮義式濃縮咖啡，則需要更長的時間，大約1週後再使用。

16分鐘

第二爆

最後將達到由氣體壓力引起的「第二爆」，油脂被逼出到豆子易碎的表面。很多用作義式濃縮咖啡的豆子即烘焙至第二爆開始或中間的階段為止。

9分鐘

第一爆

蒸氣壓力最後將使咖啡豆細胞組織破裂，發出有點像是爆米花的啵啵聲。此時豆子的體積增大、表面變光滑而顏色更均勻，並開始有咖啡的味道。若是沖煮方式為濾泡或法式壓壺，則在第一爆後1～2分鐘即停止烘焙。

20分鐘

第二爆後

咖啡豆原始的風味已所剩無幾，幾乎被炭烤、煙燻及苦味取代。而隨著油脂滲到表面並氧化，很快便產生強烈的氣味。

研磨 GRINDING

許多人花錢投資昂貴的咖啡沖煮器具，卻不曉得提升自製咖啡品質與導出
正確口感最簡單的方法之一，就是用好的磨豆機研磨新鮮的咖啡豆。

對的磨豆機

沖煮義式濃縮咖啡及手沖咖啡所適用的磨豆機是不同的（如p40～41所示），因此務必挑選一臺針對你個人偏好的煮法所設計的磨豆機。要注意兩種磨豆機各自還是有許多變化差異。

螺旋式磨豆機最常見，只要壓著「啟動」鍵，就能不斷旋轉砍豆。但即便使用計時器來控制研磨時間及程度，也很難磨出兩杯顆粒大小一致的咖啡，尤其若是每次都改變分量更是如此。螺旋式磨豆機很容易造成杯底殘留過大的咖啡顆粒，尤其是使用法式壓壺沖煮時更加嚴重。螺旋式磨豆機唯一的好處就是價格親民，但若你想更上一層樓，那就多花點錢買臺錐形或平刀（如下圖）鋸齒式磨豆機吧！鋸齒式磨豆機研磨出的粉末大小較為一致，有利均衡的萃取。有些磨豆機可以分段調整研磨度，有些則可任意做無段式的微調。鋸齒式磨豆機不見得很貴，尤其是手搖式。不過，若是口袋夠深或每日研磨大量咖啡，那麼就選擇電動的吧！電動磨豆機通常有定時器，可做固定研磨分量之用。記得同樣研磨30公克的咖啡豆時，設定顆粒較粗所需的研磨時間較短，設定顆粒較細所需的研磨時間則較長。

錐形鋸齒
錐形鋸齒比平刀鋸齒耐用，大約研磨750～1,000公斤後才需更換。

平刀鋸齒
平刀鋸齒式磨豆機通常比較便宜，但是大約研磨250～600公斤後就必須更換。

手沖磨豆機

此類磨豆機較義式磨豆機便宜，研磨度也可調整，但一般無法磨出適合義式濃縮咖啡的細度。此類磨豆機也很少配備分量器。

如前頁所述，避免購買使用螺旋刀葉將咖啡豆砍碎的磨豆機，這種機器不但難以控制，容易磨出極細而萃取過度，或好幾塊過大而難以萃取的咖啡粉粒，導致風味失衡，就算再好的豆子與再棒的沖煮都無法挽救。

漏斗
挑選附有漏斗的磨豆機，且漏斗大小可容納每次固定研磨的咖啡豆分量。

定時轉盤
有些磨豆機具備定時功能，能自動停止研磨。

研磨度調整
挑選容易調整而不需大費周章的磨豆機。

電動手沖磨豆機
使用方便且快速。別忘了定期以專用清潔錠清洗。

儲粉槽
避免將咖啡粉存放在儲粉槽，每次只研磨該次沖泡所需的分量。

手搖式手沖磨豆機
雖然需要花費些許耐心與肌力，但對只需要沖泡少量新鮮咖啡與無法供電的情況下十分方便。

義式磨豆機

為了達到精細的研磨度，義式磨豆機通常配備無段式微調，並且有分量器，重量比手沖磨豆機要重，馬達相當有分量，價位也比較高，但若想在家裡來杯好的義式濃縮咖啡，義式磨豆機是必要的投資。

漏斗
多數磨豆機具備可一次盛裝1公斤咖啡豆的漏斗，不過為了保持咖啡新鮮，每次裝入大概兩天的沖煮分量即可。

磨盤
好的義式磨豆機應具備平刀或錐刀磨盤（p38）。

無段式微調
讓你隨心所欲磨出想要的顆粒大小。

分量器
有些磨豆機具備電子計時功能，可準確研磨每杯所需的分量，減少浪費。

義式磨豆機
要沖煮義式濃縮咖啡，必須要有專門的義式磨豆機，而且只拿來磨義式濃縮咖啡要用的咖啡豆。由於要沖煮一杯好的義式濃縮咖啡，需要花費時間與豆子才能將磨豆機校正至正確的研磨度，因此，若是在一天之中來回調校義式與手沖咖啡適用的刻度，將會浪費大把時間與寶貴的咖啡豆。

開關
若是磨豆機沒有分量器，只要切換開關來控制研磨時間即可。

適合不同沖泡法的研磨度

沖泡法	研磨度

土耳其咖啡壺

用土耳其咖啡壺沖煮咖啡所需的咖啡豆必須磨至細粉狀，才能在沖煮過程中萃取出完整的風味。大多數的磨豆機無法做到如此，需要特別的手搖磨豆機才有辦法。

極細研磨　　特寫

義式咖啡機

義式濃縮咖啡是最不容許失誤的沖煮法，咖啡粉的顆粒大小必須恰到好處，才能萃取出均勻的風味。

細研磨　　特寫

手沖咖啡

中研磨的咖啡豆適合許多沖煮法，包括濾紙式、濾布式、摩卡壺、電動滴濾式及冰滴式。你可在容許範圍內增減咖啡豆的分量，磨出個人偏好的研磨度。

中粗研磨　　特寫

法式壓壺

法式壓壺無過濾裝置，因此水分有充足的時間滲透粗研磨的咖啡豆細胞結構，有助分解可溶的宜人物質，同時避免過度的苦味。

粗研磨　　特寫

咖啡問答 COFFEE Q&A

媒體充斥著各種有關咖啡的混雜訊息，有時要找到所需資訊可說是困難重重，尤其咖啡因所造成的身心影響又是因人而異。以下便針對一些常見的咖啡問題做出釋疑。

喝咖啡容易成癮嗎？

咖啡並未被視為成癮藥物，即便出現任何「戒斷症狀」，也可在短期內藉由酌減每日的咖啡飲用量來減緩。

飲用咖啡對健康有益嗎？

咖啡所含的抗氧化劑——包括咖啡因以及其他有機化合物——已被證明對許多健康問題均有正面的功效。

咖啡會造成脫水嗎？

咖啡本身有利尿的效果，但一杯咖啡約有98％的成分是水，因此嚴格說來並不會造成脫水。就算有任何水分流失，也都在飲用當下就立刻補充回來了。

98%
水

咖啡能增加專注力嗎？

飲用咖啡時，能夠暫時促進控制專注以及記憶的腦部活動。

喝咖啡對我好像沒什麼影響？

若是每天在固定的時間喝咖啡，就有可能降低身體對咖啡因的敏感度，因此可以偶爾改變一下飲用習慣。

咖啡因對運動能力有什麼影響？

咖啡因能使支氣管擴張，促進呼吸，並釋放糖分到血管中，引導其進入肌肉。因此適度攝取咖啡因能夠改善有氧運動的耐力，同時也有助於無氧運動的表現。

咖啡因如何提神？

咖啡因會干擾一種稱為「腺苷酸」（adenosine）的神經傳導激素，阻斷其與某種蛋白質的結合，避免讓人感到昏昏欲睡。這種阻絕同時會刺激腎上腺素的分泌而使人提高警覺。

深焙的咖啡豆咖啡因含量較高嗎？

事實上，深度烘焙的咖啡豆咖啡因含量可能較低，絕對不會有更快的提神效果。

為什麼一些咖啡嚐起來苦苦的？

咖啡本身就含有一些苦澀的化學物質，但使咖啡嚐起來苦澀的主要原因是烘培程度。若豆子越黑且油，煮出來的咖啡就會相對苦澀，另外沖煮不佳的咖啡或設備不潔也會產生苦澀的後味。

咖啡和茶哪一種含有更多的咖啡因？

若是作為原物料，茶本身比咖啡豆含有更多的咖啡因，不過經過烘培後，通常一杯咖啡的咖啡因比茶還多。

咖啡是否會變質？

若是將咖啡保存在潮濕的環境會使咖啡發霉；理論上來說，若妥善保存，可放上好幾年，但其風味還是會隨著時間變質，變成難以下嚥的飲品。

哪一國喝了最多的咖啡？

在大量的數據中顯示，美國是世界上進口最多咖啡的國家，不過北歐國家是平均喝最多咖啡的地區，其中芬蘭人則是領先各國，平均每年每人喝下了12公斤的咖啡。

冰箱是否是儲存咖啡的最佳空間？

咖啡不需要儲存在冰箱內；若放在冰箱，會吸收水氣以及冰箱內周遭食物的味道。請將咖啡儲存在乾燥、通風的容器裡，遠離日曬以及火源。

水質測試
TESTING THE WATER

一杯咖啡有98～99%的成分是水，因此用來沖煮的水質對其風味有極大的影響。

水裡有什麼？

　　用來沖煮咖啡的水必須無色無味。影響沖煮結果的礦物質、鹽分、金屬可能無法透過視覺或味覺體察。有些地區的水質乾淨柔軟，有些地區則含有化學氣味，例如氯或氨。若是你所在的地區水質過硬，由於水分裡已充滿礦物質，無法充分萃取出咖啡的精華，因此導致風味淡薄，此時可能就需要較多的咖啡豆或較細的咖啡粉來平衡。相反地，若是水質過軟或完全去除其中的礦物質，則會導致咖啡過分萃取，溶出咖啡豆中的不良物質，使咖啡過苦或過酸。

活性碳濾心
活性碳能吸收雜質。

濾水器
定期更換濾心（大約每過濾100公升的水就要更換，水質過硬時需更加頻繁）。

水質檢測

　　在廚房裡就可自我檢測水質。沖煮兩碗咖啡進行杯測（如p24～25），使用相同的咖啡豆、研磨度及沖煮法，但一碗用自來水，另一碗用瓶裝水。分別品嚐後，將會發現先前未曾注意到的咖啡風味。

過濾

　　若是家中的自來水過硬，而你又不想使用瓶裝水來沖煮咖啡，那麼買臺簡單的家用濾水器就可解決問題。你可以購買加裝在水管的濾水設備，或是可替換活性碳過濾器的水壺（如上圖）。水中礦物質的優化與否所導致的風味差異相當明顯，往往出乎飲用者意料之外。從自來水改用瓶裝或過濾水，是改善自製咖啡品質最簡單的方法之一。

鐵、錳、銅
0毫克

鹼性物質
大約40毫克

鈉
5～10毫克

酸鹼值
7

氯
0毫克

鈣
30～80毫克

總固體溶解量
100～200毫克

完美組合
購買一套水質檢測組來分析用水。上圖是咖啡用水的目標檢測值，以每1公升的水量為基準。

如何解讀？

　　與萃取咖啡的水質最相關的指標是「總固體溶解量」（TDS），單位是毫克／公升（mg/L）或百萬分率（ppm），代表水中的有機及無機化合物總含量。「格令硬度」（grains of hardness）則是另一個用來描述水中鈣含量的詞。而酸鹼值應該為中性，過高或過低都會導致咖啡的風味平淡或不佳。

沖煮義式濃縮咖啡 BREWING ESPRESSO

義式濃縮咖啡是唯一使用幫浦加壓來沖煮咖啡的方法。在使用義式咖啡機沖煮咖啡時，水溫會保持在沸點以下，避免燙壞咖啡粉。

何謂義式濃縮咖啡？

沖煮義式濃縮咖啡的理論與實務有百百種，從經典的義式到改良的美式，從北歐種到紐澳風。無論你偏好或採用哪一種，最好記得所謂「義式濃縮咖啡」只是一種沖煮法，好比一種飲品的名稱。許多人用這個詞來描述特定的烘焙色調，但事實上，任何程度的烘焙、隨便一種單品或混豆，只要你喜歡都可以拿來沖煮義式咖啡。

前置作業

除了機器原廠建議外，以下的準則能協助你更順利地在家沖煮出一杯美味的義式濃縮咖啡。

所需材料

器具
義式咖啡機
義式磨豆機
乾布
填壓器
填壓墊
清潔粉
清潔工具

原料
烘焙好的咖啡豆（完成靜置）

1 將乾淨的咖啡機裝滿清水，並將烘焙後靜置排氣1～2週的咖啡豆倒進磨豆機。讓咖啡機及沖煮把手充分預熱。

2 用乾布將沖煮把手的濾杯擦乾淨，確保不會沖煮到前次殘留的咖啡粉。

關於義式濃縮咖啡正確的烘焙度
及選豆理論，可說是百家爭鳴，
但其實「義式濃縮咖啡」
就只是一種沖煮方式而已。

TIP

沖煮一杯好的義式濃縮
咖啡是需要練習的。試著用
電子秤和小量杯來調出正確
的比例，並隨時記錄。相信
你的味覺，慢慢實驗找
出你的最愛。

3 沖一些水經過沖煮頭使溫度
穩定，並清洗分水網上殘餘
的咖啡粉。

4 研磨咖啡豆，並根據濾杯大小及個
人喜好，將16～20公克的咖啡粉倒
進濾杯。

沖煮單杯

　　要能夠反覆持續沖煮出好的咖啡絕對不是一件簡單的事，而在家做義式濃縮咖啡跟其他沖煮法比起來更是一大挑戰。對於為了得到一杯美味的義式濃縮咖啡而投資相關器具的人來說，這不僅是每日的飲用習慣，更是一種特殊嗜好。沖泡義式濃縮咖啡所用的咖啡豆必須精細地研磨，使咖啡粉有足夠的表面積讓水分充分萃取，得到的會是小份、強烈又黏著的咖啡，並且帶有咖啡脂，能夠凸顯其優點，但也可能帶出咖啡豆本身、烘焙過程或前置作業中的缺失。

1 輕輕搖晃沖煮把手或輕敲吧檯，使咖啡粉均勻分布，也可使用指定的抹刀（如圖）。

TIP

抹平咖啡粉層時不要同時下壓，用工具或手指將咖啡粉上下左右推動直到抹平即可。

2 使用與濾杯大小相符的填壓器，將其與濾杯水平擺放，再用力將咖啡粉向下壓成均勻厚實的硬塊，但不需施加過多的力道敲打或反覆填搗。

3 目標是將所有咖啡粉下壓形成結實均勻的咖啡粉層，使其足以承受水壓且水分流過時能得到均勻的萃取。

沖煮義式濃縮咖啡可以是一種嗜好，
也可以是每日的飲用習慣。
雖然必須耗費一番工夫，
但精熟後將樂趣無窮。

TIP
在研磨得粗細適中且沖
煮出一杯教人滿意的義式濃
縮咖啡前，可能得先每天扔掉
好幾杯失敗作品。參閱p50的
常見錯誤，朝更完美的義式
濃縮咖啡前進吧！

4 將沖煮把手裝進沖煮頭後，立刻啟動幫浦開始沖煮，可設定自動調製雙杯義式濃縮咖啡，或手動控制所需的分量。

5 將溫杯後的義式咖啡杯擺放在導流嘴下方（也可擺放兩杯平分單次萃取的量）。

6 大約5～8秒後，便會流出咖啡液，一開始呈棕色或金色，隨著持續沖煮、溶質減少而慢慢變淡。包含咖啡脂在內，於25～30秒後約可萃取出50毫升。

完美與否？

　　一杯沖煮得好的義式濃縮咖啡必須有一層滑順的咖啡脂（p48），顏色呈深金棕色，同時沒有大顆的氣泡或暗淡、破碎的斑點。沖煮完成後，咖啡脂應該有幾公釐厚，並且不會立刻消散。味道必須酸甜適中，口感則應滑順綿柔，留下宜人綿長的餘韻。你應該要能品嚐出烘焙或沖煮技巧之外的咖啡原味，例如瓜地馬拉豆的巧克力味、巴西豆的堅果味或肯亞豆的黑加侖味。

哪裡出差錯？

若是萃取的量過多，在給定時間內（p49）多於50毫升，有可能是因為
・研磨度太粗糙
・咖啡粉分量太少

若是萃取的量少於50毫升，有可能是因為
・研磨度太精細
・咖啡粉分量太多

若是咖啡太酸澀，有可能是因為
・咖啡機的水溫太低
・咖啡豆的烘焙不夠
・研磨度太粗糙
・咖啡粉分量太少

若是咖啡太苦，有可能是因為
・水溫過高
・咖啡機太髒
・咖啡豆烘焙過度
・磨豆機的磨盤太鈍
・研磨度太精細
・咖啡粉分量太多

沖煮得當的義式濃縮咖啡

沖煮失敗的義式濃縮咖啡

清潔咖啡機

　　咖啡是由油脂、化合物及其他溶質所組成，若是沒有保持器具清潔，這些物質可能會黏著堆積，造成咖啡的苦味或塵味。記得每次沖煮後便用清水洗淨，並每日或盡量經常用專用清潔劑逆洗回沖。

2 將萃取過的咖啡餅從沖煮把手上敲下來，然後用乾布擦乾淨。

1 將杯子移到旁邊，再把沖煮把手從沖煮頭上取下。

3 以清水沖洗沖煮頭，去除殘留在分水網上的咖啡渣，同時沖洗導流嘴。將沖煮把手裝回沖煮頭，以便在下次沖煮前保持溫度。

奶不奶很重要 MILK MATTERS

一杯好咖啡值得以原味細細品嚐，也就是不加奶、不加糖或其他調味料。但不可否認的是，牛奶確實為咖啡的絕佳搭檔，每天都有上百萬人樂在其中。把牛奶加熱，更能凸顯其天然的甘甜風味。

牛奶種類

你可以蒸煮各種牛奶——全脂、半脫脂及脫脂——口味及口感各有千秋。低脂牛奶可打出很多奶泡，但感覺較乾酥。全脂牛奶的奶泡較少，但比較滑順綿密。甚至是植物奶，例如豆漿、榛果奶或無乳糖奶都可蒸煮打奶泡。米漿比較打不出奶泡，但對堅果類過敏者可以其為替代品。和乳製品比起來，這些植物奶類有部分加熱速度較快，而奶泡可能較不穩定或不滑順。

蒸煮

練習時可準備比實際所需分量還多的牛奶，以便在溫度過高必須停手之前爭取足夠的試驗時間。1公升的鋼杯裝半滿的牛奶是個不錯的開始，只要咖啡機的蒸氣噴管碰得到牛奶表面即可。如果碰不到，再試試750毫升或500毫升的，比這更小的鋼杯可能就不太方便了，因為牛奶加熱的速度可能快到讓你沒能注意到其變化，而抓不準打入空氣的時機。

1 使用上端略呈錐體的拉花鋼杯，讓牛奶有空間繞旋、膨脹、起泡又不會溢出。如圖所示，將新鮮冰冷的牛奶倒入鋼杯中，且不超過半杯。

2 清除蒸氣噴管上殘留的水分或牛奶，確保只有乾淨的蒸氣噴出。為了避免噴濺，可用一條布包住噴嘴以銜接水汽，注意手指遠離噴嘴，以免燙傷。

當細小的空氣與水汽被打進牛奶時，
會發出和緩內斂的嘶嘶聲。

TIP

若你不想浪費太多牛奶練習的話，可以滴一些洗碗精在清水裡模擬打奶泡，直到你習慣打入空氣並能控制其漩渦。

3 保持鋼杯平穩直立，將蒸氣噴管傾斜放入鋼杯，靠近中央而不與杯緣接觸，噴嘴淺淺沒入即可。

4 若你是右撇子，則以右手握住鋼杯，左手打開蒸氣。調高蒸氣時不要猶豫，若是蒸氣壓力過低，將無法形成任何奶泡，牛奶會發出響亮刺耳的聲音。將左手移至鋼杯下方，判斷牛奶的溫度。

5 蒸氣的壓力應該使牛奶形成漩渦狀，蒸煮越久，打出的奶泡越多。隨著奶泡增加，將產生隔音效果而降低蒸氣聲。當蒸氣聲緩和後，泡沫會變小而形成較稠密的奶泡。

未完接續　→

蒸煮 (接續)

6 牛奶加熱後，體積會膨脹而蓋過噴嘴，阻絕空氣。若要多一點奶泡，則降低鋼杯使噴嘴保持在牛奶表面；若要少一點奶泡，則提高鋼杯使牛奶蓋過噴嘴。保持牛奶成漩渦狀，將大泡泡打成小泡泡，使奶泡更滑順、更濃厚。

7 只有在牛奶還冰涼時才混入空氣。一旦感覺鋼杯底部達到人體溫度時，即停止混入空氣，否則高於37℃所形成的泡泡將難以形成滑順的奶泡。若是在一開始蒸煮時即混入空氣，應該有足夠的時間打出足夠的發泡量。

8 讓牛奶旋轉翻滾直到鋼杯底部的溫度高到無法以手觸摸，再將左手移開，等待3秒鐘後將蒸氣關閉，此時牛奶應該大約為60～65℃。若你聽到低沉的隆隆聲，表示牛奶將沸騰，會導致黏稠的口感，不適合添加於咖啡中。

牛奶保存

只要是新鮮的牛奶，都可用正確的蒸煮技巧打出奶泡。不過即使牛奶還在「最佳賞味期」內，使奶泡穩定的關鍵「蛋白質」仍然可能已經變質而影響發泡，因此最好取用保存期限最長的牛奶。日光對牛奶也有害，因此最好購買以不透明容器盛裝的牛奶，並在每次使用後立刻冷藏。

9 將鋼杯放妥，用濕布清理蒸氣鋼管，朝抹布噴幾秒鐘，確保鋼管內殘留的牛奶都已排出。若是牛奶表面有任何大的泡泡，靜置幾秒後會變脆弱，用鋼杯輕敲吧檯即可將其打破。

TIP

蒸煮過程中不需要劇烈搖晃拉花鋼杯，靠蒸氣的力道與方向就足夠了，因此拿穩蒸氣噴管及鋼杯並控制其角度即可。

10 大的泡泡都消失後，搖晃鋼杯使牛奶旋轉，直到奶液和奶泡混合產生光亮的質感。若是中間有比較乾的奶泡，則左右輕輕搖晃使其與整杯牛奶融合後，再繼續環繞旋轉的動作。

11 藉由旋轉使奶液和奶泡混合直到要倒進咖啡時，不需要湯匙即可將奶泡倒出，稍加練習後，還能做出漂亮的拉花。

植物奶

對於不想攝取動物奶的人來說,其實市場上還是有許多以植物為基底的選擇。在這些選擇中,有許多植物奶都可藉由果汁機以及優良的篩子或布料輕鬆製作咖啡。

其中最廣為人知、營養成分與牛乳最相似的就是豆漿,豆漿從豆類的黃豆中萃取。另外,杏仁奶與燕麥奶也同樣受到歡迎,冰箱裡可是有各種奶類在爭取一席之地。

原料與過敏原

在我們認為植物奶適合自己與晨間的卡布奇諾時,其考量點不僅是味道和口感而已——請先仔細閱讀標籤上的原料和營養成分。許多牛奶富含鈣質等維生素和礦物質,有些還會添加糖分,如果你在意的話,請選擇不含糖的牛奶。另外也請確認脂肪量和鈉含量,以及是否有添加乳化劑和穩定劑,這樣才不會在不知情的情況下攝入任何不需要的添加物。

替代奶通常由穀物、堅果、種子以及豆類植物製成,不過其名稱可能會造成混淆,因此請先確認標籤上的過敏原。堅果過敏對大眾來說相當常見,不過一些種子和豆類也可能造成過敏反應。另外,一些植物奶的主要成分可能也與其在市面上流通的標示迥異,像是是否由真正的植物堅果、種子或豆類製成,以及令人混淆的名稱,這些標示通常都不是很明顯;例如花生屬於豆類、杏仁來自核果,而巴西堅果則是豆莢裡的種子。

一些原料未經處理時是安全的,不過一旦經過工廠處理,就可能產生交叉汙染;像是燕麥雖不含麩質,但通常也會在處理小麥的工廠一併加工,因此在食用燕麥時,微量的小麥會造成乳糜瀉。

許多像大豆、杏仁和燕麥製成的植物奶,會在做拿鐵或卡布奇諾時形成很棒的奶泡,其他的雖然不會產生泡沫但一樣美味;一些則對溫度較敏感。另外如果打奶泡會結塊的話,試著比加熱牛乳還低的溫度進行。

製作自己的植物奶

請選擇下方的原料來製作自己的植物奶。

- 大豆
- 亞麻
- 米／糯米
- 開心果
- 大麻籽
- 芝麻
- 栗子
- 古麥

- 榛果
- 杏仁
- 藜麥
- 豌豆
- 南瓜籽
- 花生
- 核桃
- 油莎豆

- 燕麥
- 核桃
- 椰子
- 巴西堅果
- 夏威夷豆
- 葵花籽
- 腰果

在製作牛奶時,你可以百分之百掌握所有的原料,以及決定是否加糖和其他添加物,像龍舌蘭蜜、椰子糖、蜂蜜、楓糖和椰棗都是不錯的糖分來源;另外一小撮的鹽分能中和苦味,其他添加物像薑、薑黃、肉桂、香草和可可粉都能讓你的咖啡風味更上一層樓。

大部分的植物奶都是與水一起攪拌,再過篩取出,因此為了軟化種子、穀物或堅果,大多數都需要事前浸泡,這個動作能幫助植物溶出難以消化的酶或植物酸。此外,你也可以去除在浸泡時脫落的外殼,避免造成苦澀、帶有土味的口感。剩下的殘渣也不需要再特別乾燥、冷凍或用在其他料理上。

腰果奶

140公克無鹽生腰果
750毫升浸泡用水
1公升攪拌用水

❶ 用水浸泡腰果3小時。
❷ 將水倒掉瀝乾。
❸ 將1公升乾淨的水倒入攪拌機，腰果打至滑順。
❹ 用紗布或小篩子過濾，盡可能擠出水分。
❺ 過濾後的腰果泥倒入瓶子，放入冰箱至少4天。

椰奶

1公升水
175克未加糖的切碎椰子

❶ 水加熱至95℃，將水與切碎椰子倒入攪拌機打至滑順。
❷ 用紗布或小篩子過濾，盡可能擠出水分。
❸ 過濾後的椰子泥倒入瓶子，放入冰箱至少4天。

堅果奶

140克無鹽生杏仁、榛果、夏威夷豆、核桃、胡桃或巴西堅果
750毫升浸泡用水
1公升攪拌用水

❶ 堅果浸泡在水裡約12小時，將水瀝乾並倒掉。
❷ 去除任何剝落的果皮，將堅果與1公升的水倒入攪拌機攪至滑順。
❸ 用紗布或小篩子過濾，盡可能擠出水分。
❹ 過濾後的堅果泥倒入瓶子，放入冰箱至少4天。

米漿

1公升水
200公克煮過的白米或糙米

❶ 將水與米倒入攪拌機打至滑順。
❷ 用紗布或小篩子過濾，盡可能擠出水分。
❸ 過濾後的米漿倒入瓶子，放入冰箱至少4天。

葵花籽奶

140公克無鹽生葵花籽
750毫升浸泡用水
¼茶匙肉桂粉（隨意）
1公升攪拌用水

❶ 用水浸泡葵花籽約12小時，將水瀝乾並倒掉。
❷ 將水、葵花籽和肉桂粉（如有）倒入攪拌機打至滑順。
❸ 用紗布或小篩子過濾，盡可能擠出水分。
❹ 過濾後的葵花籽泥倒入瓶子，放入冰箱至少4天。

藜麥奶

200公克煮過的藜麥
750毫升水
1茶匙椰糖（隨意）

❶ 將水、藜麥倒入攪拌機打至滑順。
❷ 用紗布或小篩子過濾，盡可能擠出水分；加入椰糖（如有）再次攪拌。
❸ 將藜麥泥倒入瓶子，放入冰箱至少4天。

沉澱

即使使用細網目篩子過篩，還是會有一些沉澱物流入，但會在一段時間後沉至底部。

大麻籽奶

1公升水
85公克去殼大麻籽
3顆椰棗（隨意）
1小撮鹽（隨意）

❶ 將水、大麻籽倒入攪拌機打至滑順；如果有使用椰棗增加糖分或加鹽，也在這個時候加入。
❷ 用紗布或小篩子過濾，盡可能擠出水分。
❸ 將大麻籽泥倒入瓶子，放入冰箱至少4天。

豆奶

100公克大豆
750毫升浸泡用水
1公升攪拌用水
2公分香草豆莢（隨意）

❶ 用水浸泡豆子約12小時。
❷ 將水瀝乾並倒掉，沖洗豆子，去除多餘的外殼。
❸ 將1公升乾淨的水、豆子倒入攪拌機打至滑順。
❹ 用紗布或小篩子過濾，盡可能擠出水分。
❺ 將瀝出的水分與香草豆莢（如有）一起煮沸約20分鐘，不停地攪拌。
❻ 靜置冷卻後倒入瓶子，放入冰箱至少4天。

拉花 LATTE ART

牛奶除了要滑順、有濃厚的奶泡外，還得要好看才行。拉花需
要時間練習，一旦上手後，就可替一杯美味的咖啡錦上添花。
許多拉花圖案都是從基礎的心形開始，本節就從心出發，然後
一步步向前走吧！

心形

　　這個圖案適合稍厚的
奶泡層，因此適合加在卡
布奇諾上。

1 從杯子上方5公分處將
蒸煮過的牛奶倒進咖
啡脂的中央，使咖啡脂
膨脹伸展「畫布」。

2 將近半滿時，迅速
降低鋼杯，同時繼
續往中央倒，此時
奶泡將以圓形向杯
緣擴散。

3 將近滿杯時，再次提高鋼
杯，倒一條線切過杯中的
圓，讓牛奶流過，拉出心形。

拉花達人

　　若是鋼杯舉得太高，咖啡脂會浮在奶泡上，表面只看得到些許乳白。相反地，若是鋼杯舉得過低，咖啡脂則會完全被奶泡壓過。若是倒得太慢，會導致層次不足而無法構圖；倒得太快，則會使咖啡脂和牛奶失控混合。用500毫升的拉花鋼杯和大的咖啡杯練習起，直到取得高度與速度的平衡為止。

蕨葉

　　蕨葉圖案最適合用在稍微薄一點的奶泡上，常見於拿鐵咖啡或鮮奶濃縮咖啡（flat white）。

1 一開始的動作與「心形拉花」相同，到將近半滿時，迅速放低鋼杯，開始如鐘擺般左右輕輕搖晃。

2 讓牛奶以「之」字形流出，將近滿杯時，將鋼杯慢慢拉遠，做出漸漸變小的「之」字形。

3 完成「之」字形後，稍微提高鋼杯，倒一條直線穿過「之」字，即可完成。

持續旋晃鋼杯直到要倒出時，使奶泡和奶液充分混合不分離。

TIP

除了直接倒入的技巧（free-pouring）構成心形、蕨葉或鬱金香等圖案的拉花外，有些人偏好雕花（etching），用尖嘴利器畫過一圈圈的奶泡，雕出心連心的圖案（右頁右上角）。

鬱金香

鬱金香可以說是心形（p58）的進階版，講究停頓的技巧。

1 一開始的動作與「心形拉花」相同，在杯中倒出一小圈牛奶。

2 停頓後，在原處後方1公分的位置繼續倒，當奶泡流出時將鋼杯輕輕前傾，把第一圈牛奶推往杯緣，形成新月形。

3 重複「停頓、續倒」直到拉出預定的葉數，在頂端以一個小心形作結，最後拉一條直線劃過所有葉片當作莖桿，即可完成。

精雕細拉
根據基礎圖案所做出的變化：多葉鬱金香（左上）、心連心（右上）、蕨葉心（左下）、天鵝（右下）。

低咖啡因咖啡 DECAFFEINATED COFFEE

有關含咖啡因或低咖啡因咖啡，及其對健康之危險或益處的迷思可說是眾說紛紜。對於喜愛且欣賞好咖啡的風味，又想減少咖啡因攝取量者而言，有一些選項可供參考。

咖啡因是否有害

咖啡因屬於黃嘌呤生物鹼（purine alkaloid），為無味略苦的化合物，純化後的白色粉末帶有劇毒。在一般沖煮的咖啡中，咖啡因是常見的興奮劑，一旦吸收後，會快速對中樞神經造成影響，但同樣也很快就會被排出體外。其影響的程度因人而異，通常會促進新陳代謝，降低疲倦感，但也可能增加緊張度。根據不同的性別、體重、遺傳與病史，咖啡因可以是正面的興奮劑，也可能引起負面的不適感。因此，認識咖啡因對自己所造成的生理效果及健康影響是極其重要的。

超級比一比

低咖啡因的生豆呈深綠或褐色，烘焙過後的顏色也較深，但不若生豆的差別明顯。由於細胞結構遭破壞，淺焙的低因豆表面會泛一層油光，表面也可能更光滑、色澤更均勻。

一般咖啡豆

烘焙前 ── 瓜地馬拉波旁

烘焙後 ── 瓜地馬拉波旁

低因咖啡豆

烘焙前 ── 瓜地馬拉波旁（山水處理法低咖啡因）

烘焙後 ── 瓜地馬拉波旁（山水處理法低咖啡因）

低因咖啡的真相

　　低因咖啡在大部分的商店及咖啡廳都唾手可得，一般都已去除90～99％的咖啡因，含量比一杯黑咖啡還低得多，或是大約相當於一杯熱可可。不幸的是，大部分的低因咖啡都是由陳舊或劣質的生豆做成，往往透過深度烘焙來掩蓋其不佳的風味。若是供應商願意拿新鮮、優質的生豆來做低因處理並妥善烘焙，則其風味不會打折扣，甚至可以讓人無視低因與否，不僅能盡情享用，且無任何不良效果。

低因小百科

　　低因處理有幾種不同的方式，有些使用特殊溶劑，有些則用較天然的工法，相關資訊都可以在低因咖啡豆的商品標示上確認。

溶劑式處理（Solvents Process）

　　首先將豆子以蒸氣環繞或熱水浸泡，使其細胞組織軟化，再加入乙酸乙酯（ethyl acetate）及氯化甲烷（methylene chloride）將咖啡因溶出或從水分中分離。這些溶劑的針對性不強，有時連咖啡豆中的有益物質也會一併帶走，過程對豆子的結構可能造成傷害，並增添後續儲藏及烘焙的困難。

瑞士水處理（Swiss Water Process）

　　首先將咖啡豆浸泡在水中，使其細胞組織開透。利用生豆萃取液（green coffee extract）——也就是浸泡過生豆而溶出、充滿其內含物質的水——以及活性碳將咖啡因濾出，前者可再次浸泡其他咖啡豆，反覆操作溶出、過濾咖啡因，直至達到所要的濃度為止。這種處理法不添加化學成分，對豆子溫和不刺激，能最大程度保持完整的天然風味。

　　山水處理法（Mountain Water Process）的作法幾乎一樣，但使用來奧里薩巴山（Pico de Orizaba）的泉水於墨西哥製成。

二氧化碳處理（CO$_2$ Process）

　　以低溫高壓形成的液態二氧化碳從咖啡豆的細胞中直接萃取出咖啡因，對影響咖啡風味的成分幾乎不造成影響。咖啡因被過濾揮發掉後，原先的液態二氧化碳可再重複利用，萃取出更多咖啡因。此法不含化學物質，溫和不刺激，被視為能夠保存豆子天然風味的有機法。

以二氧化碳處理的低因咖啡豆
此法使豆子滑順有光澤，呈深綠色。

萬國咖啡
COFFEES
OF THE WORLD

咖啡通常生長在北迴和南迴歸線之間，但其中也有一些顯著的例外，像是尼泊爾和部分澳洲。世界上約有100個國家與領土可以且有種植咖啡，不過僅有60個國家被認為是重要的咖啡輸出國，即便大部分是只種植2種主要品種的單一耕作，但咖啡在世界上還是擁有各式各樣的風味，此外，咖啡的歷史也淵遠流長。在面對巨大挑戰與博得絕佳機會的同時，咖啡在人類平等發展與促進地球健康上扮演了關鍵的角色。一杯咖啡的作用常被視為理所當然，甚至有點被低估，其實咖啡比其他飲品以更少有的方式連結世界上的人。

萬國咖啡
AFRICA
非 洲

衣索比亞 ETHIOPIA

衣索比亞的原生品種與變種多樣，造就其咖啡的獨特風味，
以與眾不同的優雅花香、草香與柑橘香聞名。

AFRICA
非洲

　　儘管近期研究指出南蘇丹也可能是其故鄉，衣索比亞仍被尊為阿拉比卡種咖啡的發源地。衣索比亞的咖啡農場不多（被稱為莊園、野生、半野生或大農園），但從採收到出口的整個咖啡生產過程卻有將近1千5百萬人參與其中。咖啡樹在野外生長，大多由自給農民生產，一年當中只有幾個月的產銷期。衣索比亞具有相當可觀的生物多樣性，許多品種是其他地方找不到的，甚至還有多種有待辨認。由於混雜種植了多種衣索比亞原生種，例如摩卡及瑰夏，衣索比亞咖啡豆在大小及形狀上總是參差不齊。

　　當地原生種廣闊的基因序列可說是確保全球咖啡未來的重要依據，不幸的是，氣候變遷正逐漸消滅這些握有咖啡生存關鍵的野生咖啡樹種。

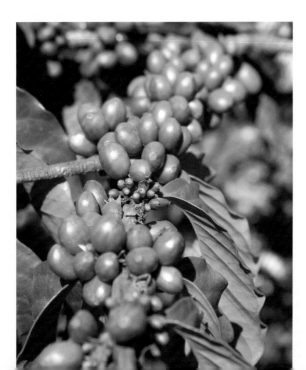

衣索比亞咖啡關鍵報告

全球市占率：4.5%

產季：10～12月

處理法：水洗與日曬

主要品種：阿拉比卡、衣索比亞原生種變種

全球產量排名：全球第5大咖啡生產國

未成熟的咖啡果
咖啡果成熟後（p16～17），
一週可採收1～3次。

列坎普提（LEKEMPTI）、威樂加（WELLEGA）及金比（GIMBI）

這些地區的咖啡豆有水洗也有日曬處理，頂級的豆子和西達摩與耶加雪菲比起來顯得口感更完整、清甜而奔放。

利姆（LIMU）與吉瑪（DJIMMAH）

本區出口的咖啡豆主要分為水洗的「利姆」與日曬的「吉瑪」，風味較西達摩溫和，且可供選擇的種類還不少。

厄立特里亞

紅海

提格雷

蘇丹

達納基爾沙漠

吉布地

亞丁灣

塔納湖

巴赫達爾

阿馬拉

阿法爾

本尚古勒吉馬茲

衣　索　比　亞

衣索比亞高原

南蘇丹

列坎普提、威樂加及金比

古吉

利姆

德雷達瓦

哈拉

索馬利亞

歐羅莫

阿地斯阿貝巴

蘇梅爾

伊路巴博

吉瑪

阿瑪洛

阿爾西

干貝拉

坎巴塔

巴萊

東非大裂谷

卡法

沃拉伊塔

耶加雪菲

特比

南方州

阿巴亞湖

奧羅米亞

貝貝卡

西達摩

博勒納

肯亞

圖例

- ⬤ 重要咖啡產區
- ▨ 產地
- − − 爭議邊界

0 公里　　　200

0 英里　　　200

西達摩（SIDAMO）

青蔥翠綠的西達摩區地景多變，所產之咖啡風味亦千變萬化，時而果香、柑橘味，時而堅果、草本味。

耶加雪菲（YIRGACHEFFE）

這個位於西達摩的小區域種了一些衣索比亞最頂級的咖啡，通常帶有鮮明的檸檬調性及花香，口感輕盈，甜度適中。

哈拉（HARAR）

本區乾燥、炎熱，可說是個沙漠地帶，所產的咖啡幾乎都是以日曬法處理，帶有土味，最珍貴的豆子則富含藍莓及果香味。

肯亞 KENYA

肯亞出產一些世界上最芳香、酸度鮮明的咖啡。不同地區的風味有細微差別，但大多以獨特的水果、莓類調性、柑橘酸味以及豐富多汁的口感之綜合為特色。

AFRICA
非洲

位於肯亞的咖啡農場大約只有330座的面積大於15公頃，超過一半的咖啡農都是小型耕作，各自占地區區幾公頃而已。這些小農匯集成幾個產區，分屬不同的公司集團，每個產區各自接收來自數百位小農不等的咖啡果。

肯亞的咖啡主要為阿拉比卡種，尤其是SL、K7及魯伊魯的變種。大多數的出口品都是以水洗處理（p20～21），少數精選的日曬品則以肯亞內銷市場為主。咖啡豆經過處理後，大多會透過每週一次的拍賣會進行交易，出口商則根據前一週杯測過的樣品出價競標。雖然市場價格起起伏伏，但基本上品質優良的咖啡豆在拍賣會上都能得到應有的報價，因此提供了咖啡農改善耕作技巧與咖啡品質的動機。

LOCAL KNOWLEDGE

肯亞正在針對大量的野生阿拉比卡種咖啡樹，以及其他發現於馬薩比特森林的8種少量野生茜草科植物進行研究。

肯亞咖啡關鍵報告

全球市占率：不到0.52%

產季：主10～12月；副4～6月

處理法：水洗，部分日曬

主要品種：阿拉比卡SL28、SL34、K7、魯伊魯11號、巴蒂安

全球產量排名：全球第18大咖啡生產國

獨特的紅土
肯亞當地富含鋁、鐵的紅土造就其咖啡的獨特風味。

馬薩比特（MARSABIT）

馬薩比特的咖啡產量不夠外銷，但卻是全肯亞唯一還有野生茜草科植物的地區。此區咖啡基因庫的研究與保育對全球咖啡都有益處。

梅魯（MERU）

梅魯位於肯亞山東部的丘陵，豐富的有機土壤與適中的降雨量有利於K7與SL種的生長。

涅里（NYERI）

雨量適中的涅里匯聚多家廠房與公司，生產高品質的咖啡豆，品種以SL系列為主。

基里尼亞加（KIRINYAGA）

基里尼亞加位於肯亞山的山坡上，其海拔高度與一年兩次的雨季造就此區優質的咖啡，最常見的品種為SL28與SL34。

恩布（EMBU）

多虧深層的火山紅土與一年兩次分明的雨季，吸引多家廠房與會社在恩布種植各式咖啡。

圖例

- 重要咖啡產區
- 產地
- 爭議邊界

南蘇丹
圖爾卡納湖
查爾比沙漠
衣索比亞
阿瓦拉平原
東部省
馬薩比特
沃仰德羅平原
裂谷省
東北省
烏干達
特蘭斯-恩佐亞
布希亞
大裂谷
西部省
基蘇木
肯 亞
梅魯
索馬利亞
維多利亞湖
尼揚札省
基西
東非
納庫魯 涅里 基里尼亞加
阿伯德爾
中部省
恩布
內羅畢
奈洛比
恩甘蓋拉貝利平原
馬查科斯
雅塔茲原
海岸省
泰塔塔維塔
印度洋
蒙巴薩
坦尚尼亞

0 公里　　150
0 英里　　150

坦尚尼亞 TANZANIA

坦尚尼亞的咖啡可分為兩種風味，一種是分布在維多利亞湖附近，果實碩大、口味甘甜，以日曬法處理的羅布斯塔種或阿拉比卡種；另一種則是分散全國其餘各地，口感鮮明、帶有柑橘、莓果味，以水洗法處理的阿拉比卡種。

AFRICA
非洲

坦尚尼亞的咖啡是由天主教傳教士在西元1898年所引進，目前除少量的羅布斯塔種外，主要為阿拉比卡種，包括波旁、肯特、尼亞沙（Nyassa）以及著名的藍山。產量起伏相當大，2014～15年有75萬3千袋，2018～19年則有117萬5千袋，約占坦尚尼亞出口收入的20%。每棵咖啡樹的產能不高，加上低價剝削、欠缺訓練與器具等挑戰，使得種植不易。幾乎所有咖啡豆都出自在自家農地耕作的小農，大約有45萬戶人家投入咖啡種植，雇用將近250萬名從業人員。

就跟一些其他非洲國家一樣，坦尚尼亞的咖啡也透過競標拍賣出售，但也允許買家直接向小農採購，讓優質的咖啡更能獲得高價，創造永續生產的有利環境。

坦尚尼亞咖啡關鍵報告

全球市占率：0.56%

產季：阿拉比卡7～2月、羅布斯塔4～12月

處理法：阿拉比卡水洗、羅布斯塔日曬

主要品種：70%阿拉比卡波旁、肯特、尼亞沙、藍山；30%羅布斯塔

全球產量排名：全球第16大咖啡生產國

熟成中的果實
各個果實的熟成速度不一，採收者會反覆巡視每一棵樹，每次只採收樹上已經成熟的果實。

卡蓋拉（KAGERA）
與布科巴（BUKOBA）

此二區位於坦國西北，臨近維多利亞湖畔，主要生產以日曬處理的羅布斯塔種，約占全國咖啡總產量的四分之一。

吉力馬札羅
（KILIMANJARO）
與阿魯沙（ARUSHA）

得天獨厚的火山土壤及高海拔，使吉力馬札羅山高地區的咖啡農得以生產出東非最棒的咖啡之一。

烏桑巴拉山脈
（USAMBARA
MOUNTAINS）

此山脈屬於東部弧形山脈（Eastern Arc）的一部分，近期於此區發現了2種新咖啡，使坦尚尼亞的野生咖啡品種增加到16種，乃研究及保育之一大佳音。

烏干達

盧安達

蒲隆地

維多利亞湖

肯亞

布科巴

馬拉

姆萬紮

賽倫蓋提平原

卡蓋拉

姆萬紮

欣延加

阿魯沙

吉力馬札羅

烏桑巴拉山脈

坦噶

基戈馬

基戈馬

塔波拉

坦　尚　尼　亞

馬賽草原

曼亞拉

坦噶

桑幾巴爾

坦干依喀湖

東　非　大　裂　谷

辛吉達

多多馬

多多馬

三蘭港

濱海區

馬菲亞

魯誇

姆貝亞

伊林加

莫羅戈羅

印度洋

尚比亞

馬拉威

尼亞薩湖

穆賓加

魯伍馬

林迪

姆特瓦拉

莫　三　比　克

圖例
⬤ 重要咖啡產區
▨ 產地

0 公里　　　200
0 英里　　　200

姆貝亞（MBEYA）

年輕一代的咖啡農致力發展地方咖啡，使本區成為新興的咖啡產區。

魯伍馬（RUVUMA）
與穆賓加（MBINGA）

南方高地區的咖啡種植時間還不到50年，尚有很大的發展空間。

盧安達 RWANDA

盧安達的咖啡在東非也是數一數二的柔和、甘甜，富含花香且均勻細緻，因此迅速擄獲全球咖啡迷的心。

　　盧安達的第一棵咖啡樹種植於1904年，並於1917年開始出口。其高海拔與穩定的雨量便是高品質的最佳保障。

　　盧安達全國有將近一半的外銷收入來自於咖啡產業，因此咖啡最近成了該國政府用來改善社經狀況的工具。大量興建於全國各地的水洗廠，讓多達50萬的小農方便獲得資源、接受訓練。

　　盧安達咖啡所面臨的挑戰之一是所謂的「馬鈴薯缺陷」，也就是咖啡豆有時會沾染上一種細菌而變質，使其味道、口感類似生馬鈴薯。然而，老波旁樹的優勢以及高海拔、沃土的結合，使盧安達的咖啡豆在市場上仍舊是箇中翹楚。

北部省 (NORTHERN PROVINCE)

柑橘、核果及焦糖的風味使來自北部省南方的咖啡顯得均衡甘甜。

西部省 (WESTERN PROVINCE)

基伏湖畔座落著一些盧安達最著名的水洗廠，穩定生產口感豐富、芳香、優雅、多汁的優質咖啡。

烏干達

剛果民主共和國

維龍加山脈　　穆桑澤　　布雷拉

魯博納
吉賽尼　　尼亞比胡　　加肯克　　魯林
北部省

路特希洛　　尼格若瑞若　　盧　安　達

穆旺加　　卡孟伊

基伏湖

吉塔拉馬
中　央　高　原

卡隆基
西部省　　魯漢戈　　南部省

尼安札

南詩客

尚古古　　尼瑪迦貝

胡耶

魯齊齊　　布塔麗
吉薩格拉

基伏

亞魯古魯

蒲隆地

AFRICA
非洲

坦尚尼亞

尼亞加塔雷

蓋茲博

東部平原

奇酷比

卡永札

艾希瑪湖

蓋薩博
卡布加

東部省

吉區及羅

盧瓦馬迦納

塞安布威湖

諾格麥

基爾何

布杰薩拉

魯韋魯湖

盧安達咖啡關鍵報告

全球市占率：0.16%

產季：阿拉比卡3～8月、羅布斯塔5～6月

處理法：水洗、部分日曬

主要品種：99%阿拉比卡波旁、卡杜拉、
　　　　　卡杜艾；1%羅布斯塔

全球產量排名：全球第29大咖啡生產國

未熟的阿拉比卡果實
盧安達的採收員在果實熟成後，會以
人工方式將果實一顆顆採收下來。

南部省
（SOUTHERN PROVINCE）

盧安達南部省的高海拔地勢造就其咖啡
的經典花卉或柑橘風味，以及細緻的綿
密口感，微妙而甘甜。

東部省
（EASTERN PROVINCE）

盧安達的東南部擁有少量的水洗廠
及咖啡園，由於生產的咖啡富有巧
克力及森林果香而逐漸嶄露頭角。

圖例

　重要咖啡產區

　產地

0 公里　　　　　　　20

0 英里　　　　　　　20

象牙海岸共和國
IVORY COAST

最頂級的象牙海岸咖啡具黑可可、堅果與菸草底蘊的層次。此處主要是羅布斯塔的生產國。

象牙海岸自1960年從法國獨立後，新總理就期望發展出更柔順、香甜且苦味少的咖啡品種，深入研究羅布斯塔和阿拉比卡的雜交種後，推出了又叫「總裁級咖啡」的進化版新阿拉布斯塔。

即便改良了口感，生產者並不滿足這個新品種，因為在第一次採收前需要更長時間，且產量少、需要更多照料，僅有少數小農持續擁護阿拉布斯塔。

象牙海岸曾是僅次於巴西和哥倫比亞的第三大咖啡生產國，儘管現今咖啡豆仍是該國第二大出口產品，但相較巴西和越南的總產量，只能望其項背。象牙海岸的咖啡豆產量在2000年達到巔峰，卻因缺乏投資與兩次內戰，導致產量明顯下滑，近期才有較多資金挹注在當地的農業改良上。即便當地人不太喜歡那帶有苦味的咖啡，不過在他們的內心也許早就認可已幾近消失的阿拉布斯塔品種。

象牙海岸咖啡關鍵報告

全球市占率：1.08%

產季：11～4月

處理法：日曬

主要品種：羅布斯塔；阿拉布斯塔

全球產量排名：全球第14大咖啡生產國

AFRICA
非洲

曼鎮（MAN）

雜交種阿拉布斯塔總裁級咖啡需在寒冷氣候與高緯度的環境下生長，所以作物多集中在曼鎮的山地區（District des Montagnes）。

馬利

布吉納法索

登蓋萊區
奧迭內

薩瓦納區
費爾凱塞杜古
科霍戈

贊贊區

沃羅巴區

邦達馬河谷區

邦杜庫

象　牙　海　岸

達納內　曼鎮

薩桑德拉馬拉韋區

科蘇湖

湖泊區

阿本古魯

迦

達洛亞

亞穆蘇克羅
亞穆蘇克羅區

丁博克羅

邦古安努

加尼奧阿

布約湖

阿博維爾

法瓦拉區

蘇布雷

迪沃

戈吉布阿區

潟湖區

阿必高區
阿必尚

阿博

下薩桑德拉區

賴比瑞亞

薩桑德拉

聖佩德羅

大西洋

羅布斯塔咖啡帶
（ROBUSTA COFFEE BELT）

羅布斯塔咖啡帶遍及象牙海岸的部分南端地區，從東邊的阿本古魯（Abengourou）至西邊的達納內（Danane），延伸至整個海岸線。

圖例

 重要咖啡產區

產地

0公里　　100

0英里　　　100

剛果民主共和國
DEMOCRATIC REPUBLIC OF THE CONGO

AFRICA
非洲

剛果民主共和國正在重建其咖啡產業，時至至今，剛果擁有世界上最優質的咖啡——濃郁且豐厚的本體帶有莓果、酸味與可可的風味——其咖啡比起鄰國更具競爭力。

剛果民主共和國第一次擁有大型作物產區，是由比利時殖民時所建造的。剛果曾是具有威脅性的咖啡生產國，不過卻在1990初期出現產量下滑的狀況。

2012年，政府導入了一項恢復計畫，將目標放在恢復至1980年代的程度。多虧政府、非營利組織以及私營部門齊心為共同目標努力，將任務專注在整個國家的地區上，終於獲得良好的成果。

因此，我們現在已經能窺探到剛果咖啡新紀元的到來，現在當地也將咖啡視為數十年來因剝削與暴力所造成的傷口的治癒良藥。

北方省
（NORTHERN PROVINCES）

該國計畫在北方省的下韋萊省（Bas-Uele）、上韋萊省（Haut-Uele）以及喬波省（Tshopo）促進羅布斯塔的生產。

中非共和國
南蘇丹
北烏班吉省
南烏班吉省
下韋萊省
上韋萊省
蒙加拉省
伊圖利省
赤道省
喬波省
烏干達
姆班達卡
基桑加尼
剛果
楚阿帕省
北基伍省
剛果民主共和國
布卡武
盧安達
蒲隆地
馬伊恩東貝省
桑庫魯省
馬涅馬省
南基伍省
金沙薩
奎盧省
伊萊博
西開賽省
東開賽省
坦尚尼亞
坦干依喀湖
大西洋
馬塔迪
中剛果省
基奎特
卡南加
洛馬米省
卡萊米
盧盧阿省
姆布吉馬伊
坦噶尼喀省
寬果省
上洛馬米省
卡米納
安哥拉
上加丹加省
盧阿拉巴省
利卡西
盧本巴希
尚比亞

西方省
（WESTERN PROVINCES）

西方省的奎盧省（Kwilu）、寬果省（Kwango）以及馬伊恩東貝省（Mai-Ndombe）被鼓勵種植更多的阿拉比卡品種。

南基伍省（SOUTH KIVU）

南基伍省擁有許多倖存但老化的阿拉比卡農地。

剛果咖啡關鍵報告

全球市占率：0.22%

產季：10～5月

處理法：水洗、日曬

主要品種：羅布斯塔；阿拉比卡波旁

全球產量排名：全球第27大咖啡生產國

圖例

⬤ 重要咖啡產區

▒ 產地

0公里　　　400

0英里　　　400

蒲隆地 BURUNDI

蒲隆地所產之咖啡從柔順花香、清甜柑橘到巧克力堅果一應俱全，雖然不帶濃厚的地方特色，但多樣的風味仍舊吸引了精緻咖啡商的注意。

AFRICA
非洲

蒲隆地從1930年代起才開始種植咖啡，其美味的咖啡又花了好一段時間才引起行家的注意。咖啡業在政治動盪與氣候挑戰的夾縫中力求生存，而因身處非洲內陸，將咖啡安然運送至買家更加困難。

除了少量的羅布斯塔外，其餘以阿拉比卡為主，包括水洗波旁、傑克遜或米比里濟。由於購買化學肥料或殺蟲劑的經費不足，因此多為有機種植。大約有60萬戶小農分別種植200～300棵咖啡樹，且通常原先就有栽種其他作物或飼養牲畜。咖啡農將果實送至水洗廠（見右側「LOCAL TECHNIQUE」），接著由上層管理公司（當地稱之為Sogestal）負責運送及其他商業事宜。

蒲隆地的咖啡豆也有馬鈴薯缺陷（p74），當地研究人員正致力解決該問題。

LOCAL
TECHNIQUE

超過160座水洗廠散布在蒲隆地的丘陵區，以專門的水槽對咖啡豆進行水洗處理（p21）。

蒲隆地咖啡關鍵報告

全球市占率：0.14%

產季：2～6月

處理法：水洗

主要品種：96%阿拉比卡波旁、傑克遜、米比里濟；4%羅布斯塔

全球產量排名：全球第30大咖啡生產國

波旁果實
蒲隆地的主要作物為波旁種，由法國傳教士引進至留尼旺島。

卡揚扎（KAYANZA）

卡揚扎位於蒲隆地北部，靠近盧安達。此區所產之咖啡素以品質著稱。

開花中的阿拉比卡
蒲隆地咖啡樹於6～8月間開花。

魯韋魯湖

基龍多

盧安達

穆因加
穆因加

錫比托凱

恩戈齊

剛果民主共和國

卡揚扎

卡魯濟

坎庫佐

布班扎

基里米羅

穆拉姆維亞

穆米瓦
布松布拉

蒲　隆　地

穆瓦洛
基特加

魯伊吉

坦干依喀湖

布魯里

魯塔納

馬坎巴

穆米瓦（MUMIRWA）

此咖啡處理公司地處西部，在基比拉國家公園（Kibira National Park）西南的枯穆嘉入洛（Kumugaruro）山區。高海拔的地勢為種植咖啡提供絕佳的條件。

基里米羅（KIRIMIRO）

本區接近蒲隆地中心基特加省，其咖啡處理公司擁有該國海拔最高的水洗廠。

圖例

● 重要咖啡產區

▨ 產地

0 公里　　　　30

0 英里　　　　30

烏干達 UGANDA

羅布斯塔是烏干達的本土品種，在一些地方仍存有野生樹株，不難理解為何烏干達能成為世界第二大羅布斯塔咖啡輸出國。

阿拉比卡在20世紀初期才被引進，目前大多種植於埃爾貢山（Mount Elgon）的山麓丘陵，產量不多，品種包括鐵比卡和SL衍生種。大約有3百萬戶家庭依靠咖啡產業維生。

新的生產和處理方法提升了阿拉比卡和羅布斯塔的品質。羅布斯塔一般被認為不如阿拉比卡，且通常種植於低地，但在烏干達卻是種在海拔1,500公尺的高處。咖啡豆以水洗處理，而非日曬（p20～21）。品質隨著更好的耕作技術而改善，農人也因此從中獲利。

布基蘇（BUGISU）

布基蘇與埃爾貢山的小型農場座落於海拔1,600至1,900公尺處，所生產的水洗阿拉比卡豆帶有厚重的口感、甘甜及巧克力的風味。

西部區（WESTERN REGION）

冰雪封頂的魯文佐里山（Mount Rwenzori）位於西部，種有烏干達日曬處理的阿拉比卡種，名為「珠戈」（Drugar），帶有酒味、果香及適宜的酸度。

維多利亞湖盆地（LAKE VICTORIA BASIN）

羅布斯塔種適合生長於富含壤土、黏土的土壤中，因此維多利亞湖盆地的周遭地區相當合適，且得利於其高海拔位置，更增添了酸味及多層次。

烏干達咖啡關鍵報告

全球市占率：2.7%

產季：阿拉比卡10～2月；羅布斯塔全年，11～2月為高峰

處理法：水洗及日曬

主要品種：80%羅布斯塔；20%阿拉比卡鐵比卡、SL14、SL28、肯特

全球產量排名：全球第8大咖啡生產國

圖例

 重要咖啡產區

產地

馬拉威 MALAWI

馬拉威雖然是世界上產量最少的咖啡生產國之一，但仍舊以其細緻帶花香的東非風味吸引著咖啡饕客。

非洲
AFRICA

咖啡是由英國人在1891年引進馬拉威，特別的是當地阿拉比卡以瑰夏以及卡帝汶為主，另外有一些阿加羅、新世界、波旁以及藍山。為了刺激精緻咖啡市場，也開始種植肯亞的SL28。

不同於其他非洲國家，許多馬拉威的咖啡樹是種在梯田上，以對抗土質流失，做好水土保持。馬拉威大約有50萬名咖啡小農，平均年產量在2萬袋左右，主要供應外銷市場。

坦尚尼亞

密蘇庫丘陵

卡朗加

北部區

波卡丘陵

尚比亞

姆祖祖

恩卡塔灣高地

維斐亞

姆津巴

卡松古

中央區

馬拉威

里朗威

奇波卡

馬隆貝湖

松巴

松巴

奇爾瓦湖

南部區
奇拉朱盧高地

布蘭岱

蒂約羅高地

尚比克

密蘇庫丘陵（MISUKU HILLS）

本區海拔高度約1,700至2,000公尺，產有部分馬國最優質的咖啡。鄰近松維河（Songwe River），受惠於穩定的雨量及氣溫。

波卡丘陵（PHOKA HILLS）

約海拔1700公尺高的波卡丘陵咖啡種植區，位於利文斯敦尼亞（Livingstonia）尼卡國家公園（Nyika National Park）及奇蘭巴灣（Chilamba Bay）之間，此區咖啡帶有甜味、些微花香的優雅風味。

恩卡塔灣高地（NKHATA BAY HIGHLANDS）

恩卡塔灣高地從姆祖祖的東南延伸到西南，海拔高達2,000公尺，氣候炎熱多雨，部分咖啡的口感與衣索比亞所產相當類似。

馬拉威咖啡關鍵報告

全球市占率：0.01%

產季：6～10月

處理法：水洗

主要品種：阿拉比卡阿加羅、瑰夏、卡帝汶、新世界、波旁、藍山、卡杜拉

全球產量排名：全球第48大咖啡生產國

圖例

⬤ 重要咖啡產區

▨ 產地

0 公里　　　100

0 英里　　　100

喀麥隆 CAMEROON

喀麥隆咖啡的主要品種為羅布斯塔，本體口感渾厚、酸度低，並帶有可可、堅果和土質的底蘊。

喀麥隆的咖啡種植早在1800年晚期德國殖民時就開始了，比起大面積的廣泛種植，殖民者則是建立地區性的試驗園區，後來得出在沿岸地區與西部是最佳的種植地，讓產業在1950年代擴展至高峰。不過1990年代政府補貼縮減以及部門自由化的政策，導致原物料成本高漲，當地許多生產者無法獲得穩定的收入，便將農地改種其他更具經濟效益且能帶來金錢的作物。

喀麥隆曾是世界上第8大咖啡生產國，然而其產業面臨了許多挑戰，產量也嚴重下滑。為了促進經濟，當地政府開始積極鼓勵人民飲用咖啡，內需市場的增長確實對經濟帶來助益，並為一些農村地區帶來更多實質上的收入。

AFRICA
非洲

查德湖

極北區
• 馬魯阿

查德

加魯阿 •

西北區

阿達馬瓦高原

恩岡代雷 •

奈及利亞

阿達馬瓦

喀麥隆高地
（HIGHLANDS）

在這裡約有80％種植羅布斯塔品種，不過曾短暫改種阿拉比卡種，特別是在高地的西部區、西南區以及近期的西北區。

西北區
• 巴門達
西南區
西部區   • 豐班
巴富薩姆 •

恩康桑巴 •

昆巴 •   濱海區   喀 麥 隆   中部區   • 貝爾圖阿
杜阿拉 •   東部區

雅溫得 •

中非共和國

幾內亞灣

埃博洛瓦 •

南部區

赤道幾內亞

加彭   剛果

濱海區和西部區
（LITTORAL AND WEST REGIONS）

現今濱海區和西部區大約占喀麥隆咖啡整體市場的75％。

圖例

⬤ 重要咖啡產區

▨ 產地

0 公里   200

0 英里   200

喀麥隆咖啡關鍵報告

全球市占率：0.23%

產季：10～1月

處理法：水洗、半日日曬、日曬

主要品種：羅布斯塔；阿拉比卡爪哇、鐵比卡

全球產量排名：全球第26大咖啡生產國

尚比亞 ZAMBIA

咖啡風味從果香到花香、可可到焦糖，同時具備甜味與酸度，尚比亞咖啡尤其是東非這種風味最顯著的代表，其原因主要是來自肯亞與坦尚尼亞的種子。

作為咖啡產業的後進者，尚比亞一直到1950年才開始種植咖啡。英國殖民者從肯亞與坦尚尼亞帶來咖啡種子，在路沙卡附近開闢大片的園地——這樣的狀況雖適合，但並非最佳狀態。

尚比亞於1964年贏得主權獨立後，就著手持續咖啡產業的開發。1970年，他們將注意力轉移到更優良的土壤和氣候，因此將產地逐漸移到北方省和穆欽加省。幾年內，超過1,000位當地小農開始迎來新的作物，到了1985年，尚比亞出口了第一袋咖啡。

尚比亞咖啡歷經了一段產量的高峰與低谷，從2003年的11萬9千袋到2014年低於3千袋，又因為來自私人與公開部門的資金挹注使產量再次回升。

圖例
- ⬛ 重要咖啡產區
- ▨ 產地

0 公里　200
0 英里　200

穆欽加懸崖（MUCHINGA ESCARPMENT）

穆欽加懸崖和馬芬加山（Mafinga Hills）海拔高達2,300公尺，其高度為種植咖啡提供良好的環境與土壤。

路沙卡（LUSAKA）

英國殖民者在路沙卡附近拓展了大面積的商業咖啡種植地，不過乾旱和疾病使得植物無法茁壯且成長緩慢。

尚比亞咖啡關鍵報告

全球市占率：0.01%

產季：6～10月

處理法：水洗、日曬、蜜處理法

主要品種：阿拉比卡波旁、卡帝汶、卡斯蒂洛（Castillo）、爪哇

全球產量排名：全球第52大咖啡生產國

辛巴威 ZIMBABWE

一直到1960年代，辛巴威的商業咖啡產量才開始起飛，其中阿拉比卡以帶有檸檬酸、酒味與甜味特質而聞名。

　　1890年代一些小型農地開始開墾，不過後來數十年受到疾病和乾旱的肆虐，導致作物很難在市場上取得一席之地。隨著樂觀主義復興，在1960年與1990年又經歷了產業的黃金年代。

　　2000年初，動蕩不安的政治、經濟恐慌以及逐漸增長的異議，助長了武裝分子崛起，這些武裝分子從白人擁有者手中搶奪了私人農地與土地，僅剩一小部分的白人農場主保留了財產，產量也在2013年下滑至7千袋。

　　2017年新政府取回政權之際，開始為產業帶來新的能量與氣象，透過私人部門與非營利組織的推動，辛巴威咖啡領域將再次蓬勃發展。

辛巴威咖啡關鍵報告

全球市占率：0.01%

產季：6～10月

處理法：水洗

主要品種：阿拉比卡卡帝汶、卡杜拉

全球產量排名：全球第53大咖啡生產國

AFRICA
非洲

宏德山谷 (HONDE VALLEY)

許多像宏德山谷這樣的偏遠地區被視為咖啡復甦之地。2000年，約2,000名的農夫裡僅有將近300位的小農主人有意願在這裡種植咖啡，但這個數字將會在數年後呈倍數成長。

尚比亞・卡里巴
卡羅伊
卡里巴水庫　西馬紹納蘭省
中馬紹納蘭省
津巴布韋
哈拉雷
卡多馬
東馬紹納蘭省
宏德山谷
穆塔薩
穆塔雷
莫三比克
馬尼卡蘭省
奇馬尼馬尼
奎奎
辛巴威
圭洛
西米德蘭
烏姆巴
齊平加
布拉瓦約
馬斯溫戈
萬基
北馬紹納蘭省
波札那
格溫達
南馬塔貝萊蘭省
馬斯溫戈
奇雷灣
貝特橋
南非

東部高地 (EASTERN HIGHLANDS)

辛巴威咖啡產地遍及整個東部高地至鄰國莫三比克，也涵蓋至南邊的齊平加 (Chipinge) 和奇馬尼馬尼 (Chimanimani)、西邊的烏姆巴 (Vumba) 以及北邊的宏德山谷與穆塔薩 (Mutasa)。

圖例

⬛ 重要咖啡產區

▨ 產地

0 公里　　100

0 英里　　100

AFRICA
非洲

馬達加斯加
MADAGASCAR

馬達加斯加是許多稀少咖啡品種的珍奇寶地，其具潛力的風味還有待我們一一探索。我們能夠品嚐到馬達加斯加咖啡的各種形式，從泥土味、太妃糖風味、柑橘味到花香應有盡有。

　　作為地球上生物多樣性最多的國家，這個島國富含豐富的野生咖啡品種也不足為奇。在馬達加斯加被記載的咖啡品種共有124種，其中超過50種僅在這裡生長。相對於世界上其他單一栽培的作物，以及伴隨著易於受到疾病、蟲害和氣候變化影響的地區，這裡對作物而言充滿了獨特且無價的遺傳資源。

　　然而，60%的品種正面臨絕種威脅，野生的阿拉比卡就是其中之一。咖啡的未來正處於急迫的狀態，眼前需要著手的是保護其野生近緣種的棲息地，並增加保存於種子庫的物種數量。

安齊拉納納

貝島

安妃加
第亞那區

薩瓦

安塔拉拉哈區

索菲亞區

馬哈賀加
馬哈贊加
馬魯武艾區

博愛尼區

貝齊布卡區

梅拉基區

阿那拉芒加區

阿馬拉蘇瓦拉省

圖阿馬西納

邁因蒂拉努區

邦古拉法區
安塔那那利佛
伊達西區

馬 達 加 斯 加

阿欽安阿納

阿哲奧特區
安古羅區

莫三比克
海峽

瓦卡南卡拉特拉區
安齊拉貝

阿辛阿拉

梅納貝區
穆龍達瓦

阿莫羅尼
馬尼亞區

上馬齊亞特拉區

亞齊南蘭蒼河

印度洋

菲亞納蘭楚阿

上馬齊亞特拉區

法圖法市
阿凱依那尼區

伊霍羅貝區

圖利亞拉
阿齊莫－
安德列發那區

阿噶隆尼－
阿拉蒂那尼區

阿諾西區

阿諾西區

安德羅伊區
陶拉納魯

東北區與中央區
（NORTHEAST AND CENTRAL REGIONS）

可以在東北區與中央區發現少部分的阿拉比卡，其生長在馬哈贊加省（Mahajanga）、上馬齊亞特拉區（Haute-Matsiatra）以及阿莫羅尼馬尼亞區（Amoron'i Mania）。

羅布斯塔地區
（ROBUSTA AREAS）

島上的咖啡產量有將近98%都是羅布斯塔，另外也能在貝島（Nosy Be Island）、安齊拉納納（Atsinanana）、上馬齊亞特拉區以及阿齊莫-安德列發那區（Atsimo-Andrefana）發現羅布斯塔。

馬達加斯加咖啡關鍵報告

全球市占率：0.29%

產季：5～10月

處理法：日曬、水洗

主要品種：羅布斯塔；阿拉比卡鐵比卡、波旁、卡帝汶

全球產量排名：全球第24大咖啡生產國

圖例

⬤ 重要咖啡產區
▨ 產地

0 公里　　200

0 英里　　200

萬國咖啡
INDONESIA, ASIA, AND OCEANIA

印尼、亞洲及大洋洲

印度 INDIA

來自印度的阿拉比卡及羅布斯塔由於分量十足、酸度較低，特別受到沖煮義式濃縮咖啡者的喜愛。部分咖啡豆的地方風味鮮明，出口商對於開發此等特色更是不遺餘力。

印度的咖啡以遮蔭種植，通常種在其他作物旁，例如胡椒、荳蔻、薑、堅果、柳橙、香草、香蕉、芒果或波羅蜜。採收下來的咖啡果有3種可能的處理方式，分別是水洗、日曬，或印度特有的「季風法」（見右側「LOCAL TECHNIQUE」）。

印度種有阿拉比卡，包括卡帝汶、肯特以及S795系列的衍生種，但仍以羅布斯塔為大宗。當地約有25萬名咖啡農，幾乎都是小農，更有將近百萬人口靠著咖啡維持生計。羅布斯塔一年可收成兩次，不過根據氣候狀況會有幾週的誤差。

過去五年的平均年產量皆低約570萬袋，其中有八成外銷，不過飲用國產咖啡的印度人有越來越多的趨勢。

傳統的印度滴漏咖啡（Indian filter coffee）以四分之三的咖啡加上四分之一的菊苣製成，在當地相當流行。

LOCAL TECHNIQUE

當地獨特的「季風處理法」是將咖啡果曝曬在炎熱潮濕的氣候中吹風，令其膨脹、褪色並改變風味。

印度咖啡關鍵報告

全球市占率：3.5%

產季：阿拉比卡10～2月；羅布斯塔1～3月

處理法：日曬、水洗、半水洗及季風

主要品種：60％羅布斯塔；40％阿拉比卡高韋里（Cauvery）／卡帝汶、肯特、S795、精選4號、5B、9、10、聖拉蒙、卡杜拉、德筏麥奇（Devamachy）

全球產量排名：全球第7大咖啡生產國

羅布斯塔果實
印度的羅布斯塔種咖啡豆在採收後，有時會以「季風法」處理。

東北部（NORTHEAST REGIONS）

東北區域是種植咖啡的新興地帶，產量只占全印度的2%，皆為阿拉比卡。

查謨和喀什米爾

阿姆利則　喜馬偕爾

旁遮普

哈里亞納

德里　新德里

北阿坎德

中國

喜馬拉雅山脈

尼泊爾

不丹

緬甸

阿魯納恰爾

阿薩姆　那加蘭

梅加拉雅　曼尼普爾

特里普拉　米佐拉姆

巴基斯坦

塔爾沙漠

拉賈斯坦　齋浦爾

勒克瑙

北方邦

比哈爾

賈坎德

西孟加拉

加爾各答

孟加拉

孟加拉灣

古吉拉特

艾哈邁達巴德

達曼、第烏

中央邦

印度

那格浦爾

達德拉、納加爾哈維利

馬哈拉施特拉

孟買

恰蒂斯加爾

海得拉巴

奧里薩

安得拉

阿拉伯海

西高止山脈

德干高原

東高止山脈

卡納塔克

果亞

班加羅爾

坦米爾納德

清奈

印度洋

喀拉拉

斯里蘭卡

東部（EASTERN REGIONS）

安得拉邦（Andhra Pradesh）及奧里薩（Odisha）是東海岸的咖啡新興區，目前產量約占全國的6%，皆為阿拉比卡種。

卡納塔克（KARNATAKA）

印度南部卡納塔克邦的咖啡產量超過全國的一半，其中有七成為羅布斯塔。首批咖啡樹是在17世紀間栽種於奇克馬加盧爾縣（Chikkamagaluru）的巴巴不丹吉里丘陵（Baba Budan Giri hill）。

坦米爾納德（TAMIL NADU）

坦米爾納德邦所產咖啡占全印度的一成左右，品種包括阿拉比卡及羅布斯塔，主要產區包括謝瓦羅伊丘陵（Sheveroys Hills）、尼爾吉里丘陵（Nilgiris Hills）及科代卡納爾（Kod-aikanal）附近。

喀拉拉（KERALA）

全印度有將近三成的咖啡種在喀拉拉，幾乎都是羅布斯塔。主要產區有瓦亞納德（Wayanad）、特拉凡科（Travancore）以及柏拉卡德（Palakkad），而著名的季風馬拉巴（monsooned Malabar）也是發源於此地。

圖例

● 重要咖啡產區

▨ 產地

0 公里　　　300

0 英里　　　300

斯里蘭卡 SRI LANKA

這個後起之秀的精品咖啡市場可追溯至野生衣索比亞品種，這具潛力的品種帶有少見的花香與果香。

一直以來都認為是摩爾商人在1500年初期，從葉門將野生的衣索比亞咖啡樹帶回斯里蘭卡。1700年間，荷蘭占領者第一次嘗試系統化的咖啡生產，也帶來他們自己的品種，但成果不如預期，後來僧伽羅人（Sinhalese）開始在當地種植與販售咖啡，並保存了咖啡樹的獨特多樣性。

接著英國人持續讓咖啡成為能不斷生長的作物，到了1860年，斯里蘭卡已是前三大咖啡豆生產國；不過1880年，咖啡葉鏽病的出現打壞了整個市場運作。

所幸一些衣索比亞品種受到小農保護而得以生存，這些專注原生種品種的小農，試著以穩定且友善環境的方式培育咖啡。

LOCAL TECHNIQUE

斯里蘭卡是少數能見到香料與咖啡混合烘培的國家，通常在家中製作，通稱為斯里蘭卡咖啡粉。

ASIA 亞洲

保克海峽
賈夫鎮
賈夫納區
基利諾奇
基利諾奇區
孟加拉灣
穆萊蒂武區
馬納爾區
瓦武尼亞區
亭可馬里
阿努拉德普勒
阿努拉德普勒區
普塔勒姆
普塔勒姆區
波隆納魯沃區
巴提卡洛亞區
巴提卡
斯里蘭卡
安帕賴區
庫魯內格勒
馬特萊
凱格勒
康提
康提
巴杜勒區
巴杜勒
加姆珀哈區
韋利默德
可倫坡
莫訥勒格勒區
斯里賈亞瓦德納普拉科特
可倫坡區
努沃勒埃利耶區
莫拉圖瓦
拉克代夫海
拉特納普勒
拉特納普勒區
卡盧特勒區
漢班托塔
迦勒區
印度洋
迦勒
馬塔拉區
馬塔拉

康提區（KANDY REGION）

1820年，英國將咖啡農地移至靠近康提的格諾魯瓦（Gannoruwa）和辛哈皮提耶（Singhapitiya）。

努沃勒埃利耶區（NUWARA ELIYA）

這裡的一些咖啡樹可追溯至150年前，這些小但蓬勃茁壯且無價的生物資源，受到全球普遍的需求刺激而不斷成長。

斯里蘭卡咖啡關鍵報告

全球市占率：0.02%

產季：10～3月

處理法：日曬、水洗

主要品種：羅布斯塔；阿拉比卡

全球產量排名：全球第46大咖啡生產國

圖例

⬛ 重要咖啡產區

▨ 產地

0 公里　　50

0 英里　　50

尼泊爾 NEPAL

被視為同時擁有香甜與愉悅口感，且帶有雪松、果乾
與檸檬酸調性的尼泊爾咖啡，將這來自喜馬拉雅的口
感引入逐漸挑剔的消費者市場。

ASIA
亞洲

僧人希拉·吉里（Hira Giri）被認為是在1938年
將咖啡帶入尼泊爾的人物。農人種植的咖啡會作
為自家飲用或在當地市場販售，然而因為咖啡葉
鏽病肆虐全國，導致所有進展受到阻礙，使得大部
分的計畫都腰斬，農夫因而改種茶葉。

1970年晚期，一批新種子從印度引入，使得小
型咖啡農夫再次興起；商業化生產在1990年代蓬
勃發展，並在接下來的十年有突破性的成長。

目前有42個區域種植咖啡，為約3萬2,500百
戶家庭提供收入，大量的擴大生產用地計畫，也
讓尼泊爾在全球精品咖啡地圖上站穩腳步。

古爾米區（GULMI）

1938年，來自緬甸的咖啡首
次於古爾米種植，隨後在其
他地區像是維茲（Viz）、
帕爾帕（Palpa）、尚加（Sya-
ngja）、卡斯基（Kaski）和巴
格隆（Baglung）拓展開來。

尼泊爾咖啡關鍵報告

全球市占率：少於0.01%

產季：12～1月

處理法：水洗

主要品種：阿拉比卡波旁、鐵比卡、帕卡
瑪拉、卡杜拉

全球產量排名：全球第58大咖啡生產國

喜馬拉雅
（HIMALAYAS）

來自喜馬拉雅的咖啡不僅抓
住觀光客與外來者的興趣，
當地人也對此感到好奇；當
地30至50%的咖啡產量主要
供應內需市場。

圖例

 重要咖啡產區

 產地

0 公里　　　100

0 英里　　　　100

INDONESIA
印尼

蘇門答臘 SUMATRA

蘇門答臘是印尼的最大島，所產咖啡具有木質調性以及
厚重口感，酸度低，風味多樣，從泥土、雪松、辛香到
發酵水果、可可、草本、皮革及菸草都一應俱全。

印尼生產的咖啡大多是風味質樸的羅布斯塔，阿拉比卡只占少量。蘇門達臘最早的咖啡農場肇始於1888年，目前為印尼羅布斯塔最大的生產者，產量占全國的75％。

阿拉比卡中，鐵比卡仍舊最為普遍，少量的波旁以及S系列混種、卡杜拉、卡帝汶、帝汶混血品種、衣索比亞系列的瑞姆棒（Rambung）與阿比西尼亞也都有種植。農人經常將不同樹種混合栽植，形成許多天然混血。由於水源匱乏，因此小農大多採用傳統的濕刨處理法（見右側「LOCAL TECHNIQUE」），使得豆子呈現藍綠色。不幸的是，此法會對豆子造成傷害，留下缺陷。

印尼咖啡豆的品質不一，而國內的物流問題使得獲得頂級選豆更加困難。

LOCAL TECHNIQUE

濕刨法（Giling Basah）是先將咖啡豆去殼（p20），接著靜置一日左右乾燥，然後在豆子的水分含量仍高時，將銀皮去除。

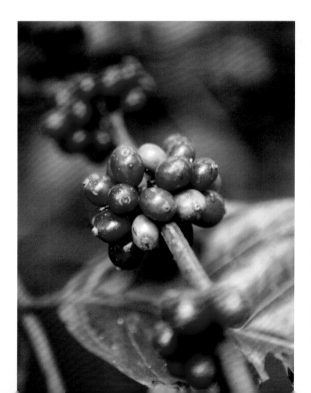

蘇門答臘咖啡關鍵報告

全球市占率：7.2％（印尼）

產季：10～3月

處理法：濕刨及水洗

主要品種：75％羅布斯塔；25％阿拉比卡鐵比卡、卡杜拉、波旁、S系列混種、卡帝汶、丁丁（Tim Tim）

全球產量排名：全球第4大咖啡生產國（印尼）

成熟的羅布斯塔果實
蘇門答臘的羅布斯塔樹在該島中部及南部地區蔚為大宗。

亞齊特區（ACEH）

此區位於蘇門答臘北端，鄰近蓋優山
（Gayo Mountain）、塔肯鋼（Takengon）
及塔瓦爾湖（Lake Laut Tawar），當地農
場的海拔介於1,100至1,300公尺之間。

安達曼海

班達亞齊

錫默盧

亞齊

馬六甲海峽

棉蘭

北蘇門答臘省

多巴湖

林東

馬來西亞

巴里山脈

楠榜省
（LAMPUNG）

蘇門答臘最大的羅布
斯塔豆產區之一即位
於本島南端，氣候適
宜，海拔高度介於
400至700公尺之間。

廖內省

北乾巴魯

印尼

蘇門答臘

明打威海峽

林東（LINTONG）

多巴湖附近的咖啡農場
海拔高度在1,200至1,500
公尺之間，從林東一直延
伸到西迪卡蘭（Sidik-
alang），育有印尼最珍貴
的阿拉比卡豆。

西比路

巴東

西蘇門答臘省

占碑

占碑省

南蘇門答臘省

巨港

明古魯、芒古爾渣亞
（西南部）

明古魯省

楠榜

西南部（SOUTHWEST REGION）

明古魯（Bengkulu）及芒古爾渣亞（Mang-
kuraja）是新興的咖啡產地，濕刨法與日曬法
並行，所產之羅布斯塔豆口感厚重而質樸。

印度洋

班達楠榜

圖例

⬤ 重要咖啡產區

產地

0 公里　　　　　　200

0 英里　　　　　　200

蘇拉威西 SULAWESI

在印尼的眾多島嶼中，蘇拉威西種有為數最多的阿拉比卡種咖啡樹。處理妥善的咖啡豆展現出葡萄柚、莓果、堅果及辛香的風味，通常嚐起來相當宜人，且大多酸度低、口感厚重。

蘇拉威西的咖啡產量僅占全印尼的2%，每年約產出7,000噸阿拉比卡。另有少量的羅布斯塔，但大多不外銷，只供應國內市場。

蘇拉威西的土壤富含鐵質，高海拔地區可種植老鐵比卡、S795以及任抹（Jember）等品種。大多數的咖啡農為小農，只有約5%的產量來自大莊園。傳統處理法為濕刨法，與蘇門答臘（p92）相同，導致咖啡豆顯現出些許印尼豆的經典深綠色。

如今有部分咖啡農開始以類似中美洲採用的水洗法處理咖啡豆（p20～21），藉此增加產品價值。促成此改變的原因是應最大的買家——日本進口商——要求，他們大量投資蘇拉威西的咖啡業，以確保達到高標準的品質。

蘇拉威西咖啡關鍵報告

全球市占率：大約7.2%（印尼）

產季：7～9月

處理法：濕刨及水洗

主要品種：95%阿拉比卡鐵比卡、S795、任抹；5%羅布斯塔

全球產量排名：全球第4大咖啡生產國（印尼）

熟成中的羅布斯塔
蘇拉威西少量的羅布斯塔種咖啡樹大多位於東北地區。

馬馬沙（MAMASA）

馬馬沙目前是西部較不知名的咖啡產區，隨著其純萃的阿拉比卡豆吸引精緻咖啡買家的目光，馬馬沙勢必將成為家喻戶曉的地名。

托拿加（TANA TORAJA）

位於南蘇拉威西省的中央高地海拔介於1,100至1,800公尺之間，產有該島最棒的咖啡之一，並以當地的托拿加人命名。

戈瓦（GOWA）、欣賈爾（SINJAL）

位於卡洛西南方的這些區域咖啡產量較少，其中約有40％是羅布斯塔。蘇拉威西的咖啡出口港是位於戈瓦西邊的望加錫（Makassar）。

恩爾康（ENREKANG）

恩爾康縣位於托拿加南邊，首府為卡洛西（Kalosi），所產之精緻咖啡多以此歷史悠久的集市城鎮為名。

地圖標示：

萬鴉老

西里伯斯海

帕勒雷山脈

奧戈阿馬斯山脈

哥倫打洛省

哥倫打洛

北蘇拉威西省

托吉安群島

托米尼灣

馬魯古海

印尼

塔口當卡秋山脈

帕盧

坡蘇

巴林嘉拉山脈

珀倫島

中蘇拉威西省

坡蘇湖

班達海

西蘇拉威西省

蘇拉威西

望加栗海峽

邦蓋群島

托拿加

馬倫達

馬馬沙

波里哇利

恩爾康

投島堤湖

阿布基山脈

瑪拉瑪拉

波嗣灣

東南蘇拉威西省

肯達里

沃沃尼島

南蘇拉威西省

望加錫

戈瓦、欣賈爾

穆納島

圖康伯西群島

卡巴那島

布頓島

圖例

⬤ 重要咖啡產區

▨ 產地

0 公里　　100

0 英里　　100

爪哇 JAVA

爪哇島具有地方特色風味的豆子不多，但整體而言，
其咖啡的酸度低，帶堅果或土味，稠度濃厚，刻意存
放一陣子能使豆子更帶有鄉村風味。

西部高地
（WEST HIGHLANDS）

爪哇西部有一些新開發的私人咖啡
農場，種植了實驗性的品種，例如安
等沙里（Andung Sari）、斯加拉入恩
唐格（Sigararuntang）、卡爾提卡
（Kartika）、S系列、阿藤、任抹、老鐵
比卡衍生種及一些令人期待的新豆。

圖例
- ⬤ 重要咖啡產區
- ▦ 產地

0 公里　　50
0 英里　　50

LOCAL TECHNIQUE

爪哇人使用水洗法為主，能
夠減少濕刨法（p92）可能對
豆子造成的髒汙或缺陷。

爪哇咖啡關鍵報告

全球市占率：7.2%（印尼）

產季：6～10月

處理法：水洗

主要品種：90%羅布斯塔；10%阿拉比卡、安等沙
里、S系列、卡爾提卡、阿藤、斯加拉入恩唐格、湛
泊、鐵比卡

全球產量排名：全球第4大咖啡生產國（印尼）

印尼是非洲以外第一個大規模種植咖啡的國家。第一顆種子於1696年播在西爪哇省的雅加達，不幸因為洪水而未能存活。三年後再次嘗試，終於成功生根。

咖啡生產蓬勃發展，直到一場鐵鏽病在1876年殺光大部分的鐵比卡樹，導致大量農人改種羅布斯塔。阿拉比卡再次出現已經是1950年代的事了，直到現在仍只占爪哇咖啡的一成左右。

爪哇島上種植的咖啡大多是羅布斯塔，但也種了一些阿拉比卡種，例如阿藤（Ateng）、湛泊和鐵比卡。許多咖啡樹種在國有莊園，聚集於爪哇東部的宜珍平原（Ijen Plateau）。這些國有莊園生產水洗的咖啡豆，比印尼許多其他的咖啡　要來得乾淨。爪哇西部邦加冷安山（Mount Pangalengan）周圍也出現新興私人莊園，使此區成為令人期待的未來之星。

羅布斯塔果簇
咖啡果的熟成速度不一，這是造成爪哇島採收期長的原因之一。

三寶瓏
普沃達迪
根　藤　山
馬都拉島
梭羅
泗水
茉莉芬
絨綢
諫義里
岩望
東爪哇省
龐越
日惹
峇里海
瑪琅
特區
東部高地
峇里海峽
任抹
峇里島

修剪過的羅布斯塔樹
爪哇的咖啡樹有時會被放任長高，但大多數會修剪以利工人採收。

東部高地（EAST HIGHLANDS）

最大的國有莊園包括布拉萬（Blawan）、強彼特（Jampit）、潘柯爾（Pancoer）、卡悠瑪斯（Kayumas）以及突各撒瑞（Tugosari）。而羅布斯塔在好幾個莊園都有種植，其中以卡里瑟拉吉利（Kaliselogiri）及沙塔克（Satak）為最有名的兩座。另外還有一些私人莊園，例如卡里班多（Kalibendo）及埃爾丁郡（Ayer Dingin），位於海拔較低處，使用的是較傳統的濕刨法（p92）。

東帝汶 EAST TIMOR

相對不知名，但具有巨大潛力的高品質東帝汶咖啡不僅純萃、味道勻稱之外，同樣也從其棕糖甜度、高度花香調性以及檸檬酸展現出完美的多樣性風味。

ASIA
亞洲

來自東帝汶這個島國的咖啡目前在世界咖啡舞台上尚未展露頭角，儘管如此，其咖啡仍是繼石油的第二大出口商品，約有25%的人口仰賴咖啡作為主要的現金收入管道。

葡萄牙人在1800年初期引進咖啡，目前主要生長在埃爾梅拉（Ermera）地區，這裡的產品幾乎占該國一半的出口量。

東帝汶唯一令他們感到自豪的是擁有天然的咖啡雜交種——帝汶混血品種（Hibrido de Timor，HDT），此品種結合了羅布斯塔的適應力與阿拉比卡的優良口感，已經成為目前廣泛運用在開發出更能抵抗病害以及高收益的品種上，例如卡帝汶與莎奇汶。

埃爾梅拉（ERMERA）

受惠於肥沃土壤和高緯度，埃爾梅拉區域被視為擁有高品質咖啡的地區，當地村落如勒特福後郡（Lete-foho）也在精品咖啡市場以其穩定品質而聞名。

阿陶羅島

帝力
阿陶羅

海拉
帝力
帝力區
利達薩
利達薩區
阿伊萊烏區
格蘭奴
阿伊萊烏
東
埃爾梅拉
埃爾梅拉區
莫比斯
莫比斯區
阿伊納羅區
馬努
博博納羅區
瑪利亞娜
阿伊納羅
薩姆
薩姆區
博博納羅
巴圖加德
祖馬萊
貝塔

印尼

潘特馬卡薩
香椋
歐庫西區

佛法雷姆
科瓦利馬區
蘇艾

其他地區

其他咖啡產地還包含了馬努法伊區（Manufahi）、薩姆區（Same）、阿伊納羅區（Ainaro）、莫比斯區（Maubisse）、利達薩區（Liquica），以及小範圍的博博納羅區（Bobonaro）和阿伊萊烏區（Aileu）。

日曬咖啡
許多小農在其住家外的
防水布上乾燥咖啡。

LOCAL HYBRID

其中最知名的雜交種帝
汶混血有時會被稱為丁丁，
是阿拉比卡與羅布斯塔的自
然混合種，在1927年於島上
發現。

班達海

勞滕
梅哈拉
圖圖阿拉
雅科島

包考
拉加
富洛羅

韋爾納扎
萊烏羅
聖保羅

馬納圖托
拉萊亞
包考區

勞滕區

菲土利亞
巴吉亞
羅利

汶
奧蘇
伊利奧馬爾

拉克魯巴

拉克盧塔

圖托區

維克克區
懷特梅

維克克

克勞庫

帝 汶 海

圖例

⬤ 重要咖啡產區

▨ 產地

0 公里　　　　20

0 英里　　　　20

東帝汶咖啡關鍵報告

全球市占率：0.06%

產季：5～10月

處理法：水洗、日曬

主要品種：80%阿拉比卡；20%羅布斯塔鐵
比卡、帝汶混血、卡帝汶、莎奇汶

全球產量排名：全球第40大咖啡生產國

巴布亞紐幾內亞 PAPUA NEW GUINEA

巴紐的咖啡口感扎實，酸度中低，並帶有草本、木香、熱帶或菸草的風味。

大部分的咖啡樹是由小農種植，少部分在大莊園，還有一些是接受政府特定方案扶植。幾乎所有的咖啡都是種於高地、以水洗處理的阿拉比卡，包括波旁、阿魯夏以及新世界等品種。多達兩三百萬的人口依靠咖啡來維持生計。

所有種植咖啡的省分對於增加種植數量以及改良咖啡品質都表現出極大的興趣。

OCEANIA
大洋洲

東高地省（EASTERN HIGHLANDS）

由於多雨且海拔高達1,500至1,900公尺，本地出產一些品質極佳、風味多變的咖啡。

圖例
- 重要咖啡產區
- 產地

0 公里　　150
0 英里　　150

新愛爾蘭島
新愛爾蘭省
萬尼姆
桑道恩省
韋瓦克
卡卡
俾斯麥海
拉包爾
印尼
東塞皮克省
中央山脈
馬當省
西新不列顛省
北索羅門省
恩加省、西高地省
馬當
勇士號海峽
金貝
東新不列顛省
索羅門群島
紐幾內亞
戈羅卡
新不列顛
布干維爾島
阿拉瓦
南高地省
欽布省
莫雷貝省
萊城
索羅門海
默里湖
東高地省
吉瓦卡省
巴布亞紐幾內亞
西部省
海灣省
基里維納
巴布亞灣
北部省
波蓬德塔
當特爾卡斯托群島
歐央迪利山脈
莫爾茲比港
中央省
米爾恩灣省
阿洛陶
珊瑚海

巴紐咖啡關鍵報告

全球市占率：0.55%

產季：4～9月

處理法：水洗

主要品種：95%阿拉比卡鐵比卡老品種、波旁、阿魯夏、藍山、新世界；5%羅布斯塔

全球產量排名：全球第17大咖啡生產國

恩加省（ENGA）與西高地省（WESTERN HIGHLANDS）

這些相對乾燥的高地，海拔介於1,200至1,800公尺之間，所產的咖啡豆酸度低，帶有草本、堅果的調性。

欽布省（CHIMBU）與吉瓦卡省（JIWAKA）

這些海拔在1,600至1,900公尺間的區域，是部分巴紐境內最高的咖啡生產地，其頂級產品口感明亮，帶有溫和的水果調性。

澳洲 AUSTRALIA

澳洲的阿拉比卡風情萬種，大抵上有堅果香、巧克力味和柔順的酸度，加上甘甜的柑橘及果香調性。

　　阿拉比卡在澳洲已有超過200年的生長歷史，但這段期間咖啡產業卻是經歷數度起落。最近40年由於使用機器採收，出現許多新興的莊園，重振萎靡的咖啡市場，咖啡種植甚至延伸到東岸外海的諾福克島（Norfolk Island）。

　　除了傳統的鐵比卡及波旁，澳洲還種了不少新品種，例如受歡迎的K7、卡杜艾以及新世界。

澳大利亞咖啡關鍵報告

全球市占率：不到0.01%

產季：6～10月

處理法：水洗、半日曬、日曬

主要品種：阿拉比卡K7、卡杜艾、新世界、鐵比卡、波旁

全球產量排名：全球第56大咖啡生產國

阿瑟頓高原
（THE ATHERTON HIGHLANDS）

此區位於昆士蘭州北部，產量大約占全澳的一半，幾乎所有大農場都聚集在此，所產之咖啡多甘甜，帶巧克力及堅果味。

中部及西南昆士蘭
（CENTRAL AND SOUTHWEST QUEENSLAND）

少許咖啡小農及一些大企業聚集在此塊小區域，所產之咖啡偏溫和、甘甜而酸度低。

北新南威爾斯
（NORTHERN NEW SOUTH WALES）

低溫及高海拔使咖啡果熟成速度較慢，但同時會強化其風味並多少降低咖啡因濃度。

阿拉弗拉海

達爾文
阿納姆地區

卡奔塔利亞灣

約克角半島

北領地

巴克利高原

開恩茲

阿瑟頓高原

金伯利高原

湯斯維爾

大沙沙漠

澳　洲

愛麗絲泉

昆士蘭

大分水嶺

中部及西南昆士蘭

羅克漢普頓

吉布生沙漠

辛普森沙漠

西澳大利亞

大維多利亞沙漠

北艾爾湖

南澳大利亞

布里斯班

北新南威爾斯

納拉伯平原

托倫斯湖

鐵蓮達山脈

珀斯

達令山脈

新南威爾斯

大分水嶺

雪梨

大澳大利亞灣

阿得雷德

坎培拉
澳大利亞首都領地

維多利亞

墨爾本

巴斯海峽

塔斯馬尼亞
荷巴特

圖例

重要咖啡產區

產地

0 公里　　　600

0 英里　　　600

緬甸 MYANMAR

世界精品咖啡的明日之星——緬甸，正積極用
其溫和、柔順酸味的水洗咖啡，帶有土味的底
蘊以及粗獷、天然莓果風味來擁抱新市場。

　　咖啡作為農作物引進緬甸是於1885年，當時英國殖民者以及傳教士在德林達依（Tanintharyi）的最南端，種下第一株羅布斯塔樹，隨後生產迅速擴及至孟邦（Mon）、克倫邦、勃固（Bago）及若開邦（Rakhine）。1930年，阿拉比卡樹也在撣邦與曼德勒地區開始種植。

　　當時的咖啡產量基本上相對較少，1948年英國人結束統治之後，因咖啡部門缺乏推動力而被忽視數十年，期間有許多農夫拋棄了他們的咖啡樹。那時的農作物，通常會賣至鄰國，像泰國、寮國和中國。

　　然而，歷經2011年政治重組，緬甸政府將咖啡作為一種具潛力的經濟作物，而且邊界以外的買家對咖啡越來越感興趣，於是有不少組織成立以支持、發展咖啡產業，並以將緬甸變成高品質阿拉比卡供應商為目標。

天然森林
咖啡樹生長在原始森林的林蔭之下。

緬甸咖啡關鍵報告

全球市占率：0.09%

產季：12～3月

處理法：水洗、日曬

主要品種：80%阿拉比卡；20%羅布斯塔
S-795、卡杜拉、卡杜艾、卡帝汶、藍山

全球產量排名：全球第35大咖啡生產國

阿拉比卡地區
(ARABICA AREAS)

北方的高地受惠於溫暖白天與寒冷夜晚，完美的氣候非常適合種植阿拉比卡樹。北部的欽邦（Chin）、克欽邦（Kachin）、實皆（Sagain）以及中東部的克耶邦（Kayah）形成緬甸阿拉比卡生產區的一小部分。

撣邦（SHAN）

在多山的撣邦，大部分的咖啡農地大小基本上都不到1公頃，且土地主人都在天然、日曬充足的區域種植咖啡樹，當地的乾季季節剛好符合咖啡的收成期，因此為純淨的咖啡風味創造了完美的天然生長條件。

曼德勒
（MANDALAY）

撣邦和曼德勒在生產結構上相當迥異；在曼德勒，這裡的大地產擁有複雜的濕磨裝置以及先進的設備，讓農夫能夠生產大量的水洗咖啡。

克倫邦（KAYIN）

即便普遍認為這裡是品質較差的品種，不過在克倫邦種植了7種品系的羅布斯塔，其主要目標是讓緬甸能生產出與阿拉比卡相當的特級羅布斯塔。

圖例
- 重要咖啡產區
- 產地

0 公里　200
0 英里　200

克欽邦
印度
密支那
克欽邦
中國
實皆
南渡
欽山
哈卡
瑞波
曼德勒
撣邦
蒙育瓦
曼德勒
實皆
撣邦高原
緬甸
木各具
敏建
東枝
寮國
巧克
欽邦
曼德勒省
仁安羌
馬圭省
馬圭
奈比多
實兌
阿蘭謬
曇固
皎漂
印度洋
東吁縣
卑謬縣
克耶邦
孟加拉灣
驃國
泰國
勃固
克倫邦
興實達
禮勃坦
伊洛瓦底
勃固
默恩島
良冬
白兆
仰光
勃生
瓦克瑪
宋割鎮
飛藥
拉布達
木冬鎮
安達曼海
土瓦
德林達依省
丹老
孟加拉

泰國 THAILAND

泰國可說是羅布斯塔的天下，不過頂級的阿拉比卡仍舊展現出柔順的口感、偏低的酸度，並潛藏宜人的花香調性。

　　泰國種植的咖啡幾乎都屬羅布斯塔種，其中大多以日曬處理並製成即溶咖啡。在1970年代，眼見頂級阿拉比卡的市場潛能，便大力鼓吹加以種植，例如卡杜拉、卡杜艾及卡帝汶等品種，可惜欠缺相關配套措施，導致新樹種缺乏後續照料。近年來則由於對泰國咖啡的需求成長，投資增加而有助於咖啡農生產高品質的咖啡豆。

ASIA
亞洲

緬甸

清萊

湄宏順

清邁

清邁

南邦

烏隆

他念他翁山脈

來興

彭世洛

北部地區
（NORTH）

少量的阿拉比卡種植於北部海拔800～1,500公尺的區域，通常以水洗方式處理，藉此推升其令羅布斯塔望塵莫及的高價。

北欖坡

泰國

比勞山脈

曼谷

南部地區（SOUTH）

羅布斯塔在南部地區的種植情況良好，幾乎是泰國整體產量的代表。

克拉地峽

春蓬

拉廊

素叻

攀牙

洛坤

甲米

洛坤

宋卡府

圖例

⬛ 重要咖啡產區

▨ 產地

0 公里　　　　150

0 英里　　　　150

泰國咖啡關鍵報告

全球市占率：0.41%

產季：10～3月

處理法：日曬，部分水洗

主要品種：98％羅布斯塔；2％阿拉比卡卡杜拉、卡杜艾、卡帝汶、瑰夏

全球產量排名：全球第19大咖啡生產國

越南 VIETNAM

此地有一些柔順、甘甜帶堅果味的品種吸引著精緻咖啡市場的目光。

越南自1857年開始生產咖啡，並在20世紀初一些政治改革後，咖啡產量大幅增加，以不錯的價格從市場上獲利。短短十年間，越南一躍成為全球第二大咖啡生產國，但品質較差的羅布斯塔充斥市場，造成價低質劣的風氣。目前，越南政府正致力尋求供需平衡。羅布斯塔仍為主力產品，但也種植少量的阿拉比卡。

ASIA
亞洲

中國

東北

西北

河內
紅河
三角洲
海防
南定

錦普

中北沿海地區 (CENTRAL COAST NORTH)

承天順化省（Thua Thien-Hue）、廣治省（Quang Tri）、河靜省（Ha Tinh）、乂安省（Nghe An）以及清化市（Thanh Hoa）因山勢阻擋免受季風吹拂，得以增加阿拉比卡的產量。

北部灣

榮市

北中部

中南沿海地區 (CENTRAL COAST SOUTH)

廣南省（Quang Nam）、廣義省（Quang Ngai）、平定省（Binh Dinh）、富安省（Phu Yen）以及慶和省（Khanh Hoa）周圍的部分咖啡農開始在乾季灌溉咖啡樹，藉此催促其開花結果，在有利的時間點採得成熟的果實。

中部高原 (CENTRAL WESTERN HIGHLANDS)

多樂省（Dak Lak）、嘉萊省（Gia Lai）、昆嵩省（Kon Tum）以及林同省（Lam Dong）的咖啡種於海拔500至700公尺處，白天炎熱，夜晚涼爽，乾濕分明。

越 南

峴港

中南沿海
地區

歸仁

東南部 (SOUTHEAST)

同奈省（Dong Nai）、巴地頭頓省（Ba Ria-Vung Tau）、平福省（Binh Phuoc）附近的肥沃紅土以及炎熱潮濕的氣候均有助於羅布斯塔種的生長，採收期則是在乾季。

東埔寨

中部高原

金蘭

東南部

胡志明市

圖例

⬛	重要咖啡產區
▨	產地

0 公里　　　　　150
0 英里　　　　　150

越南咖啡關鍵報告

全球市占率：17.7%

產季：10～4月

處理法：日曬，部分水洗

主要品種：95%羅布斯塔；5%阿拉比卡卡帝汶、沙里（高產咖啡）

全球產量排名：全球第2大咖啡生產國

寮國 LAOS

寮國咖啡通常以天然方式製成，因此同時擁有鹹甜的風味，並帶有濃烈、黑莓與紅酒般的特質。

世界第二大咖啡生產國越南的鄰國寮國，其咖啡生產可能有段時間一直處在下風，不過寮國已經準備好迎接下一道曙光。

法國殖民者在1920年第一次將咖啡引進寮國，種植範圍涵蓋南邊占巴塞（Champasak）的布拉萬高原，這裡絕佳的微氣候正適合阿拉比卡的生長。然而，歷經數十年的病害、災難性的森林冰霜以及戰爭的蹂躪後，大部分的樹被摧毀，因而改種更多適應力強的羅布斯塔。

布拉萬高原開始收成後，便占寮國咖啡總產量的95%。當地政府也計畫拓展生產。此外，比起產量的提高，政府更專注在品質的提升。

寮國咖啡關鍵報告

全球市占率：0.34%

產季：11～4月

處理法：日曬、水洗

主要品種：80%羅布斯塔；20%阿拉比卡鐵比卡、波旁、卡帝汶

全球產量排名：全球第23大咖啡生產國

ASIA 亞洲

中國

緬甸

豐沙里

琅南塔省　琅南塔

博膠省
會曬

烏多姆賽省

龍坡邦

龍坡邦

寮　國

沙耶武里省

沙耶武里

川壙

賽末齊省

桑怒

華潘省

川壙省

越南

永珍

永珍

波里坎賽省

泰國

甘蒙省
他曲

南海

沙灣拿吉省
沙灣拿吉

薩拉萬
薩拉萬

布拉萬
高原

巴色
占巴塞

塞公省

阿速坡
阿速坡省

東埔寨

北部地區（NORTHERN PROVINCES）

在北方的寒冷高山裡，有小部分的農地持續種植來自法國的阿拉比卡品種。位於華潘（Houaph-anh）、琅勃拉邦（Luang Prabang）以及川壙省（Xiangkhouang）的村莊，政府與私人部門則鼓勵當地種植更年輕、更健康且能帶來更多產量的阿拉比卡樹。

布拉萬高原（BOLAVEN PLATEAU）

法國人相信寮國肥沃的火山土壤與高地氣候，能讓高品質的鐵比卡和波旁自然生長，這些品種可以適應布拉萬高原絕佳的生長環境。

圖例

⬤ 重要咖啡產區

▨ 產地

0 公里　　　　　200

0 英里　　　　　200

ASIA
亞洲

菲律賓 PHILIPPINES

菲律賓生產的阿拉比卡絕佳均衡，口味帶有甜美可可、果乾的調性，而粗獷的羅布斯塔則帶有更多麥芽、木質的調性與濃烈的質感。

1740年，咖啡隨著西班牙人抵達菲律賓，使菲律賓迅速成為亞洲最大的咖啡生產國，一度是世上第四大咖啡國。不過1880年晚期一次毀滅性的咖啡葉鏽病，使得大部分植物被銷毀，直到1950年與60年代才又開始復生。

此時由於多數農地改種其他作物，加上農夫缺乏關於咖啡足夠的技術與知識，使得咖啡的生長相當緩慢。然而，菲律賓不像其他亞洲國家，當地比起茶葉更偏好咖啡，因此得從其他國大量進口咖啡。於是就在內需市場被激發後，政府開始集結更好的資源至咖啡產業，增加拓展面積以及發展加工技術，讓品質與產量並濟。

菲律賓咖啡關鍵報告

全球市占率：0.13%

產季：12～5月

處理法：日曬、水洗

主要品種：羅布斯塔；阿拉比卡依克賽爾塞種、賴比瑞卡、鐵比卡、波旁、卡帝汶

全球產量排名：全球第33大咖啡生產國

卡拉巴松 （CALABARZON）

西班牙人最先開始在卡拉巴松的八打雁省（Batangas）種植咖啡。即便隨著大部分的生產移到南部與靠近北部的地區，還是可以在這裡發現部分的賴比瑞卡品種。

西米沙鄢 （WESTERN VISAYAS）

此處的咖啡農地約佔3800公頃，2700戶的在地小農每戶則佔1.4公頃。為了能夠增加舊苗長新苗的機會，使產值較低的咖啡樹提高產量。

科迪勒拉
土格加勞
伊洛哥斯
卡洪煙河谷
碧瑤市
達古潘
甲萬那端
中央呂宋
安吉利斯
馬尼拉
奎松市
卡拉巴松
八打雁市
那伽
比科爾
樂牙實比
民都洛
菲律賓
羅馬島
卡爾巴約格
東米沙鄢
塔克洛班
西維薩亞斯
羅哈斯
民馬羅巴
班乃島
卡迪
怡朗
宿霧
內格羅斯島
中米沙鄢
普林塞薩港
內格羅斯
武端
卡拉加
巴拉望
卡加延德奧羅
蘇祿海
伊利甘
北民答那峨
民答那峨穆斯林自治區
達沃
民答那峨穆斯林自治區
達沃
三寶顏半島
索科斯克薩爾根
三投斯將軍
民答那峨島
三寶顏
西里伯斯海

呂宋
菲律賓海
南海

馬來西亞

達沃 （DAVAO）

達沃區擁有數量龐大的咖啡地，達沃市也被視為精品咖啡不斷成長的市場，當地以代表該區咖啡而感到自豪，同時藉此抬高高品質豆子的需求。

圖例

⬤ 重要咖啡產區

　產地

0 公里　　　200

0 英里　　　200

中國 CHINA

一般來說，中國的咖啡柔順甘甜，帶有微酸及堅果風味，游走於焦糖及巧克力之間。

　　中國最早的咖啡種植始於雲南，是由法國傳教士在1887年所引進，約莫百年後才受到政府重視而致力培植其產能，以多項新措施改善其生產環境及方法，每年提升大約15%的產量。儘管目前平均每人一年只飲用2、3杯，但數量正逐漸增加。所栽種的阿拉比卡種包括卡帝汶及鐵比卡。

雲南省（YUNNAN PROVINCE）

普洱、昆明、臨滄、文山以及德宏等地區的咖啡產量占了全中國的95%，大部分為卡帝汶，而寶山市則還有少數的老波旁以及鐵比卡。所產之咖啡大多酸度低，帶有堅果或穀物味。

海南島
（HAINAN ISLAND）

位在中國南方海岸外的海南島年產300至400公斤的羅布斯塔，風味溫和帶有木香，稠度濃厚。雖然產量逐漸減少，但咖啡文化在當地卻是相當盛行。

福建省
（FUJIAN PROVINCE）

位於臺灣對岸的臨海省分福建為產茶重鎮，不過仍有些許羅布斯塔咖啡樹，占全國產量的一小部分。羅布斯塔種通常酸度較低、口感濃郁。

中國咖啡關鍵報告

全球市占率：1.2%

產季：11～4月

處理法：水洗及日曬

主要品種：95%阿拉比卡卡帝汶、波旁、鐵比卡；5%羅布斯塔

全球產量排名：全球第13大咖啡生產國

圖例

⬤ 重要咖啡產區

▨ 產地

0公里	400
0英里	400

葉門 YEMEN

全球部分最引人入勝的阿拉比卡種就種在葉門，帶有辛香、土味、果香及菸草等奔放的風味。

早在咖啡傳到非洲以外的國家前，就在葉門種植已久了。小鎮摩卡（Mocha）更是第一個建立商業外銷貿易的港口。

某些地方仍有野生的咖啡樹，而主要產區則是種植鐵比卡以及老衣索比亞種。產品經常僅以地名稱呼，因此難以辨識其品種。

ASIA
亞洲

哈拉里 （HARAZI）

位於薩那（Sana'a）到海岸中間的哈拉茲（Jabal Haraz）山脈正是哈拉里咖啡農的家鄉，他們所生產的咖啡帶有經典的豐富層次、果香以及酒味。

瑪塔莉 （MATARI）

往西就是港都荷台達（Hodeidah），位於高海拔而緊鄰薩那的瑪塔莉咖啡產區，以生產部分酸度較高的葉門咖啡聞名。

達瑪莉 （DHAMARI）

位於薩那南邊、扎瑪爾省（Dhamar）西陲，所產之咖啡具有葉門的招牌特色，口味比起其他西部的咖啡豆更為柔順而飽滿。

依詩瑪莉 （ISMAILI）

「依詩瑪莉」既是地名也是當地品種的名稱，是根據一群在附近定居的回教徒而命名，所產的咖啡在葉門的品種裡算是味道比較質樸的。

葉門咖啡關鍵報告

全球市占率：0.1%

產季：6～12月

處理法：日曬

主要品種：阿拉比卡鐵比卡、原生種

全球產量排名：全球第34大咖啡生產國

LOCAL TECHNIQUE

種植及處理方式在過去800年來幾乎未曾改變，而化學肥料的使用並不常見。由於水資源匱乏，通常採用日曬法處理，咖啡豆的外形因此較不規則。

圖例

⬭ 重要咖啡產區

▦ 產地

0 公里　　150

0 英里　　　150

萬國咖啡
SOUTH AND
CENTRAL AMERICA
中南美洲

巴西 BRAZIL

巴西的咖啡產量位居全球龍頭，區域差異不容易細分，一般認為其水洗阿拉比卡柔順、日曬阿拉比卡甘甜，酸度溫和、口感適中。

1920年時，巴西的咖啡產量占全球80％，隨著其他國家產量增加，巴西的市占率逐漸降至目前的35％，但仍然位居世界第一的寶座。主要種植阿拉比卡種，包括新世界、依卡圖衍生種及其他。

在1975年一場嚴重的霜害後，許多咖啡農在米納斯吉拉斯州（Minas Gerais）重建莊園，目前該區產量幾乎占全巴西的一半，足以媲美全球第二大咖啡生產國越南。當巴西的產量劇增或銳減時，其漣漪效應將透過市場對數以百萬人的生活造成影響，你我手中那杯咖啡的價格將為之波動。

目前巴西全國約有30萬座咖啡農場，大小從半公頃到上萬公頃不等，所產的咖啡大概有一半是巴西人自己喝掉的。

LOCAL TECHNIQUE

巴西的咖啡處理過程主要依靠機器，而且和許多國家不同的是，他們習慣先採收後分類。

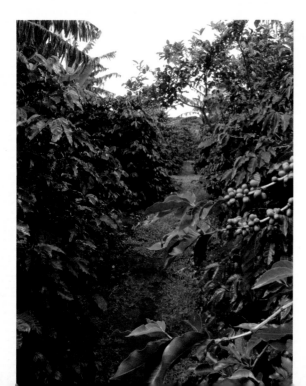

巴西咖啡關鍵報告

全球市占率：35.2％

產季：5～9月

處理法：日曬、半日曬、半水洗、水洗

主要品種：80％阿拉比卡波旁、卡杜艾、阿凱亞、新世界、依卡圖；20％羅布斯塔

全球產量排名：全球第1大咖啡生產國

精準的栽種
在平地上排列整齊的咖啡樹方便農人以機器採收，是巴西農產系統的一大關鍵。

巴伊亞州（BAHIA）

部分巴伊亞州最棒的阿拉比卡來自查帕達迪亞曼蒂納（Chapada Diamantina）及普拉納爾托（Planalto）。此區南部的羅布斯塔是以機器進行大規模種植。

聖埃斯皮里圖州（ESPÍRITO SANTO）

巴西第二大咖啡生產州，其中80％為羅布斯塔，部分阿拉比卡則種於南部海拔1,200公尺以上的地區。

喜拉朵（CERRADO）

喜拉朵地勢平坦，因此盛行機器採收，其中90％的咖啡豆由大型莊園生產，並以日曬法處理。

聖保羅州（SAO PAULO STATE）

摩吉安納（Mogiana）為此州最著名的咖啡產區，由於氣候極為乾燥，以日曬法處理的阿拉比卡相當常見。

米納斯東南山林區（MATAS DE MINAS）

大約有半數位於此山林區的農地屬小型耕作，每年收成一次。最高1,200公尺的海拔高度使其咖啡在較低的溫度下生長，風味濃烈甘甜，帶有中等酸度。

南米納斯（SUL DE MINAS）

本區氣候涼爽，地勢最高達海拔1,600公尺，賦予其咖啡柑橘、花香的特性，許多人因此宣稱此為巴西最棒的咖啡。

圖例
重要咖啡產區
產地

哥倫比亞 COLOMBIA

一般來說，哥倫比亞咖啡濃稠厚重，風味多樣，從甘甜、堅果、巧克力味到花卉、果香及近乎熱帶性格不等，每個地區所產的咖啡都各有千秋。

哥倫比亞的山形地勢造就其多樣的小氣候，為其咖啡帶來獨特風味的無限可能。所產之咖啡皆為阿拉比卡，包括鐵比卡及波旁種，傳統上為水洗處理，根據地區不同，每年會有一或兩次的收成。有些主要在9～12月採收咖啡果，並在4、5月間有另一次規模較小的採收；有些則分別在3～6月及9、10月進行採收。哥國約有2百萬人靠咖啡維持生計，大多數人在一群小農場工作，其中約有56萬人的農地僅僅1～2公頃大。近幾年來，精緻咖啡產業開始和這些小農個別合作，以高價購買少量的高品質咖啡豆。

越來越多哥倫比亞人開始喝咖啡，目前約有20%的產量為內銷。

LOCAL TECHNIQUE

大多數咖啡農擁有自己的水洗設施，能夠自行控制乾燥處理過程（p20～21）。抬高的棚架目前很流行，方便在曬乾過程中進行翻動。

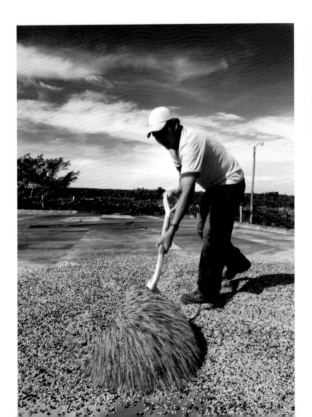

曬乾咖啡豆
咖啡豆通常在水泥地上曝曬，但在地勢較陡峭之處，則會改置於屋頂上。

哥倫比亞咖啡關鍵報告

全球市占率：8.6%

產季：3～6月及9～12月

處理法：水洗

主要品種：阿拉比卡鐵比卡、波旁、塔比、卡杜拉、哥倫比亞、象豆、卡斯提洛

全球產量排名：全球第3大咖啡生產國

挑戰：曬豆受限、經濟問題、土壤侵蝕、氣候變遷、缺水、治安不良

考卡省（CAUCA）

考卡省的咖啡產量占全哥倫比亞的8％，轄下最著名的地區為因薩（Inzá）及波帕揚（Popayán），以甘甜、淡薄而帶有花卉及莓果調性著稱。

桑坦德省（SANTANDER）

在哥國最北方的省分之中，桑坦德省及北桑坦德省的咖啡產量占了全國的9％，其中大多為遮蔭種植並位於低海拔處，造就其更柔順、更土味而酸度低的咖啡。

加勒比海

瓜希拉省

巴蘭基亞

大西洋省

馬格達萊納省

塞薩爾省

委內瑞拉

蘇克雷省

科爾多瓦省

玻利瓦省　北桑坦德省

安提奧基亞省

桑坦德省

麥德林

阿勞卡省

卡薩納雷省盆地

喬科省　卡爾達斯省

博亞卡省

亞諾斯盆地

里薩拉爾達省

昆迪納馬卡省

比查達省

金迪奧省　波哥大

考卡山谷省

托利馬省

哥　倫　比　亞

卡利

烏伊拉省

梅塔省

瓜伊尼亞省

太平洋

考卡省

瓜維亞雷省

納里尼奧省

厄瓜多

沃佩斯省

普圖馬約省

卡克塔省

安地斯山脈

亞馬遜省

祕魯

巴西

納里尼奧省（NARINO）

在所有種植咖啡的省分中，本省位置最南，雖然只占哥倫比亞全國產量的3％，但以其平順帶乳脂且隱約有核果香的咖啡聞名。

烏伊拉省（HUILA）

12％的哥倫比亞咖啡來自素負盛名的烏伊拉山區，所產的咖啡豆通常富含果香、酸度十足、口感扎實而風味豐富。

托利馬省（TOLIMA）

托利馬省的咖啡產量約占全國的12％，以生產柔順、甘甜，間或帶有清淡、均勻之花卉調性的咖啡聞名。

圖例

重要咖啡產區

產地

0 公里　　　200

0 英里　　　200

委內瑞拉 VENEZUELA

哥倫比亞在咖啡產量上曾經的一大競爭對手委內瑞拉，現在的生產量只剩下鼎盛時期的一小部分。豆子最佳狀態為帶有甜味、濃郁、知名的果香以及勻稱的酸味。

約瑟夫・古米拉（Joseph Gumilla）牧師為委內瑞拉帶來咖啡。1732年後，咖啡的栽培開始在安地斯（Andes）迅速拓展。咖啡產業持續在1900年成長，不過在經過密集的開墾之後，產量逐年下滑，最後國家轉而將重點放在石油上。

2003年，價格管制以及其他規定使得咖啡產業產量受限，許多農夫拋棄了他們的咖啡樹。就在內需市場超越供應需求時，委內瑞拉開始進口更多的咖啡。

現今石油產業正面臨挑戰，委國便將興趣轉到幾乎被人遺忘的咖啡商品，畢竟對於像委內瑞拉人這樣喜歡喝咖啡的民族來說，不太可能放棄種植自己的咖啡，反而會致力使咖啡變得更好。

委內瑞拉大部分的咖啡都是阿拉比卡，其中最知名的是標有馬拉開波、從安地斯山脈到西部標籤的品種。東半部沿岸高山生長的咖啡則標有加拉加斯（Caraces），另外在低地區也能發現少部分的羅布斯塔。

SOUTH
AMERICA
南美洲

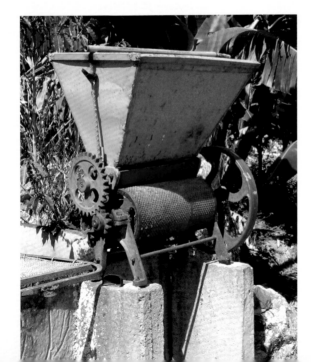

咖啡去皮機
生產者使用咖啡去皮機去除外皮，並用半日曬處理帶殼的咖啡豆。

委內瑞拉咖啡關鍵報告

全球市占率：0.38%

產季：10～1月

處理法：水洗

主要品種：阿拉比卡波旁、鐵比卡、卡杜拉、新世界（Mundo Novo）

全球產量排名：全球第22大咖啡生產國

馬拉開波（MARCAIBO）

以其名稱銷售的咖啡也會在相同名稱的港口出口，這些咖啡則來自從安地斯範圍到西半部的特魯希略州（Trujillo）、梅里達（Merida）、塔奇拉州以及杜阿卡。

杜阿卡（DUACA）

杜阿卡的一些小農在最初的咖啡熱潮中獲利，經過幾十年的時間，他們因種植豪華等級的咖啡，加上政府的土地改革而嶄露頭角。

卡里佩市（CARIPE）

位在莫納加斯州（Monagas）、靠近東部沿岸山區的卡里佩所產之咖啡會標記為加拉加斯。其中品質最優良的則標記為「Lavado fino」，不過產量逐漸減少。

塔奇拉州（TACHIRA）

來自塔奇拉州的咖啡一般都被視為與哥倫比亞的咖啡類似，部分原因是大部分的咖啡都生長在鄰國哥倫比亞的庫庫塔（Cucuta），通常為了從馬拉開波港出口，會與塔奇拉州的農作物一起移動，有時則會混在一起。

圖例

⬤ 重要咖啡產區

▨ 產地

0 公里　　　200

0 英里　　　200

玻利維亞 BOLIVIA

玻利維亞知名的地方風味咖啡不多，但通常都甘甜勻稱，帶有花香、草本或乳脂、巧克力味。雖然是個小小的咖啡生產國，卻有潛力製造出讓人驚艷的品種。

玻利維亞擁有2萬3千塊大小介於2至9公頃的小型家庭農場，其咖啡文化讓大約40％的總產量都留在內銷市場。

由於玻利維亞的交通運輸、處理過程及技術支援短缺等內部挑戰，使其咖啡品質不穩定，直到近幾年才引起精緻咖啡買家的興趣。因為身處內陸，所以玻利維亞大部分外銷的咖啡都是經由祕魯出口，這樣的先天條件更增添其物流的挑戰。對產區附近的

教育及新的處理設施之投資已經使品質有所改善，出口商也開始拓展國際市場。

玻利維亞主要種植阿拉比卡種，例如鐵比卡、卡杜拉以及卡杜艾，幾乎都是以有機方式栽種。主要產區為拉巴斯省（La Paz），例如南北永加斯、法蘭茲塔馬友、卡拉納維、因基希維以及拉雷卡哈。各地產季根據其所在之海拔高度、降雨模式以及氣溫而有所不同。

玻利維亞咖啡關鍵報告

全球市占率：0.06％

產季：7～11月

處理法：水洗，部分日曬

主要品種：阿拉比卡鐵比卡、卡杜拉、克里歐、卡杜艾、卡帝汶

全球產量排名：全球第39大咖啡生產國

挑戰：不可靠的交通、缺乏處理器材及技術支援

種植與採收
很多玻利維亞咖啡樹自始就是有機種植，畢竟咖啡農沒什麼購買化學肥料的預算。

永加斯（YUNGAS）

這些傳統的咖啡產區位於拉巴斯省海拔1,100至1,900公尺處，產量占玻利維亞全國的90％，從3月到9月都是產季。

貝尼省（EL BENI）

位於東北的貝尼是玻利維亞的第二大省，境內大多為低地，不過與拉巴斯省交界的伊娃伊娃山（Serrania Eva Eva）及塞羅佩拉多山（Cerro Pelado）附近仍有些許咖啡樹。

聖克魯斯省（SANTA CRUZ）

玻利維亞最大的省分為東邊的聖克魯斯省，與巴西及烏拉圭接壤。此區所產咖啡一般種植於薩邁帕塔（Samaipata）及邁拉納（Mairana）周圍的低海拔地帶，通常屬於商業咖啡等級。

卡拉納維省（CARANAVI）

此區隸屬拉巴斯省，是相當新的咖啡產區，海拔800至1,400公尺處的採收期從3月到10月；海拔1,000至1,800公尺處則是從5月到12月。

里韋拉爾塔
潘多省

巴西

祕魯

永加斯
卡拉納維省

的的喀喀湖

貝尼省

玻利維亞東部山脈
永加斯森林

拉巴斯省
拉巴斯

玻利維亞

阿爾蒂普拉諾高原

科恰班巴
科恰班巴省

聖克魯斯省

奧魯羅

安地斯山脈

波波湖
奧魯羅省

蘇克雷

智利

波托西

波托西省

聖克魯斯

巴拉圭

塔里哈省

阿根廷

圖例
⬤ 重要咖啡產區
　產地

0 公里　　200
0 英里　　200

祕魯 PERU

少數幾種口感絕佳而勻稱，帶有土味、草本調性的咖啡便來自祕魯。

儘管有些上等的咖啡，但祕魯仍舊面臨標準不一致的問題。主要原因是缺乏企業物流，不過政府已經持續投資經費在教育及基礎建設上，例如道路，還有新的產區，尤其是種有阿拉比卡新品種的北部地區。祕魯所生產的主要是阿拉比卡種，例如鐵比卡、波旁及卡杜拉。大約有90%的咖啡分布在12萬塊小農場上，其中每塊只有2公頃左右。

SOUTH AMERICA
南美洲

北部（NORTHERN）

祕魯有將近70%的咖啡來自北部，此處以有機種植為主，並種有新的阿拉比卡。

中部（CENTRAL）

本區地處高海拔1,200至2,000公尺所產之咖啡大多屬有機，帶有優雅柔順的酸度及層次分明的口感。

南部（SOUTHERN）

此區為祕魯最小的咖啡產區。大部分的咖啡是散裝零售或被企業收購，因此生產履歷難以追蹤。

祕魯咖啡關鍵報告

全球市占率：2.4%

產季：5～9月

處理法：水洗

主要品種：阿拉比卡鐵比卡、波旁、卡杜拉、帕奇、卡帝汶

全球產量排名：全球第9大咖啡生產國

圖例

⬤ 重要咖啡產區

產地

0 公里　　300

0 英里　　300

厄瓜多 ECUADOR

多變的生態系統造就豐富的咖啡風味，但大多仍展現經典的南美特性。

這些特性包括適中的稠度、有層次的酸度以及宜人的甜度。厄瓜多的咖啡產業面臨不少挑戰——融資短缺、產能低落與工資高漲——對其品質造成負面影響，種植面積自1985年來甚至已大減一半。產品包括羅布斯塔及下等的阿拉比卡。大部分的咖啡都是遮蔭且有機種植，多數小農還擁有自己的水洗站。不過，在高海拔地區的咖啡品質仍舊大有可為，而除了鐵比卡及波旁的衍生種外，也有種植卡杜拉、卡杜艾、帕卡斯及莎奇汶。

馬納比省 （MANABÍ）

此地乾燥臨海，海拔介於和緩的300至700公尺之間，是厄瓜多最大的咖啡產區，其阿拉比卡的產量占全國一半，水洗及日曬並行。

薩莫拉欽奇佩省 （ZAMORA CHINCHIPE）

此一地處東南的地區得利於其1,000至1,800公尺的高海拔，主要生產水洗阿拉比卡，風味鮮明甘甜，隱約帶有莓果氣息。

洛哈省（LOJA）、埃爾奧羅省（EL ORO）

此區位於海拔500至1,800公尺處，是南部舊有的產地，厄瓜多20%的阿拉比卡即來自此區。由於氣候乾燥，因此90%的咖啡豆是以日曬法處理。

厄瓜多咖啡關鍵報告

全球市占率：0.4%

產季：5～9月

處理法：水洗及日曬

主要品種：60%阿拉卡；40%羅布斯塔

全球產量排名：全球第21大咖啡生產國

圖例

⊖ 重要咖啡產區

▨ 產地

0 公里　　　　100

0 英里　　　　100

瓜地馬拉 GUATEMALA

CENTRAL
AMERICA
中南美洲

瓜地馬拉的咖啡蘊含一些特殊多樣的地方風味，包含可可
亞、太妃糖的調性，到草本、柑橘或花香的清爽酸度。

瓜地馬拉從山區到平原擁有許多小氣候，加上數種降雨模式及肥沃土壤，孕育出風味多變的咖啡。

幾乎所有省分都種有咖啡，而「瓜地馬拉全國咖啡協會」更界定出生產獨特風味咖啡的八大區域。受到品種及當地小氣候的影響，各區咖啡在香氣及風味上有極大的差異。約有27萬公頃的土地都用於栽植各種咖啡，大多數是水洗阿拉比卡，例如波旁及卡杜拉。西南部的低海拔地區則有少量的羅布斯塔。總共有將近20萬名咖啡農，大多各自擁有2至3公頃的小農地。大部分的農人會將咖啡果送到水洗廠去處理（p20～23），不過自行設立小型處理廠的比例也正在逐漸增加。

LOCAL
TECHNIQUE

「Injerto reina」是一種嫁接技術，將阿拉比卡的莖接到羅布斯塔的根上，藉此增強阿拉比卡樹的抗病力，同時保存其固有風味。

瓜地馬拉咖啡關鍵報告

全球市占率：大約2.3％

產季：11～4月

處理法：水洗，少量日曬

主要品種：98％阿拉比卡波旁、卡杜拉、卡杜艾、鐵比卡、象豆、帕奇；2％羅布斯塔

全球產量排名：全球第11大咖啡生產國

山坡種植
瓜地馬拉的高海拔咖啡產區一片蒼翠，常被雲霧靄靄環繞。

薇薇特南果（HUEHUETENANGO）

無火山分布的薇薇高地（Huehue）是瓜地馬拉海拔最高處，雨量稀少、收成較晚，所產咖啡帶有花朵及水果風味，被公認為瓜地馬拉最棒、最有層次的咖啡。

科班（COBAN）

科班位於海拔1,300至1,400公尺處，為雨林所覆蓋，氣溫低而降雨量及濕度皆高，導致其咖啡稠度厚重均勻，帶有水果間或辛香味。

地圖標示：

拉坎敦山脈

貝登省

弗洛雷斯

貝里斯

馬雅山

墨西哥

瓜 地 馬 拉

宏都拉斯灣

伊薩瓦爾

巴里奧斯港

伊薩瓦爾湖

薇薇特南果

基切省

上維拉帕斯省

科班

丘庫斯山脈阿庫斯山脈

托托尼卡潘省

馬德雷山脈

下維拉帕斯省

拉斯米納斯山脈

薩卡帕省

聖馬科斯省

普羅格雷索省

奇基穆拉省

克薩爾特南戈省

索洛拉省

奇馬爾特南戈省

瓜地馬拉省

阿卡特南戈

新東方

阿蒂特蘭

阿蒂特蘭湖

薩卡特佩克斯省

阿卡特南戈

瓜地馬拉市

哈拉帕省

雷塔盧萊烏省

安地瓜

弗賴哈內斯

蘇奇特佩克斯省

埃斯昆特拉

胡蒂亞帕省

埃斯昆特拉省

聖羅薩省

圖例

⬤ 重要咖啡產區

▨ 產地

0 公里　50

0 英里　50

阿蒂特蘭（ATITLAN）

本區緊鄰阿蒂特蘭湖，海拔高度與安地瓜相當，但雨量略多、濕度較高，所產之咖啡被公認為瓜地馬拉的經典之作：明亮且帶有檸檬、巧克力味，稠度厚重且香氣十足。

安地瓜（ANTIGUA）

本區之咖啡樹種於海拔1,300至1,600公尺高處，是瓜地馬拉生產咖啡的處女地。氣候乾爽，咖啡甘甜，帶有均勻的堅果、辛香及巧克力調性。

阿卡特南戈（ACATENANGO）

阿卡特南戈海拔高達1,300至2,000公尺，炎熱乾燥，坐擁肥沃的火山土壤，所產之咖啡通常酸度高、多層次。

薩爾瓦多
EL SALVADOR

薩爾瓦多產有一些全世界最具風味的咖啡，乳脂甘甜，帶有乾果、柑橘、巧克力以及焦糖調性。

第一批抵達薩爾瓦多的阿拉比卡種由於該國正值政經遽變，而被擱置在農場上。目前幾乎三分之二的咖啡都是波旁，其餘三分之一則多為帕卡斯及少數的帕卡瑪拉，後者是薩國所培育出的熱門混種。

薩爾瓦多約有2萬名咖啡農，其中95％所擁有的農地不到20公頃，位於海拔500至1,200公尺，更有將近半數座落在阿帕內卡─依拉瑪鐵別地區。由於採遮蔭栽培，咖啡種植因此在與森林破壞及野生動物棲息地減少的對抗中扮演重要的角色。若是將這些樹移除，整個薩爾瓦多就幾乎沒有天然森林了。

近年來，咖啡農主要致力於改善咖啡品質以吸引精緻咖啡買家，增強其對抗商品市場波動的能力。

阿羅特培─美塔潘
（ALOTEPEC-METAPAN）

位於西北的小火山區跨越了幾個著名的省分，例如聖安娜省（Santa Ana）及查拉特南戈省（Chalatenango），農地數量雖然最少，但往往被認為產有部分最棒的咖啡。

阿帕內卡─依拉瑪鐵別（APANECA-LLAMATEPEC）

本山脈通過聖安娜省、松索納特省（Sonsonate）及阿瓦查潘省（Ahuachapan），是薩國最大的咖啡種植區，多數中大型的農場都位於此地。

寶薩摩─克薩爾特佩克（EL BALSAMO-QUETZALTEPEC）

位於中央火山帶南側的寶薩摩山脈及聖薩爾瓦多火山，孕育了將近4,000名咖啡農，生產的咖啡稠度厚重且帶有經典的中美洲勻稱感。

（地圖標示）圭哈湖、阿羅特培─、聖安娜省、聖安娜、阿瓦查潘、阿帕內卡─依拉瑪鐵別、阿瓦查潘省、薩、拉利伯塔德省、新聖薩爾瓦多、松索納特、寶薩摩─克薩爾特佩、松索納特省

咖啡農場
咖啡樹經常與其他作物搭配間作，例如象腿蕉等果樹或可作木材的樹。

CENTRAL AMERICA
中美洲

欽瓊特佩克（CHICHONTEPEC）

拉巴斯省、聖維森特省及庫斯卡特蘭省的產量不大，但其咖啡豆的風味多元，並日漸受到矚目。

卡卡瓦蒂克（CACAHUATIQUE）

這塊次小的地區上有九成的農民平均擁地不到7公頃，所產的咖啡稠度淡薄、甘甜帶點花香。

特卡帕－奇納梅卡（TECAPA-CHINAMECA）

這塊涵蓋烏蘇盧坦省（Usulutan）及聖米格爾省（San Miguel）的東部地區默默無名，但卻產有一些口感相當多層次的好咖啡。

宏都拉斯

查拉特南戈省

龍山大壩水庫

卡瓦尼亞斯省

卡特蘭省

森蒂特佩克

瓦

多

莫拉桑省

卡卡瓦蒂克

卡　卡　瓦　蒂　克　山

伊洛潘戈湖

聖維森特

欽瓊特佩克

拉巴斯省

薩卡特科盧卡

特卡帕－奇納梅卡

聖米格爾

拉烏尼翁省

烏蘇盧坦省

烏蘇盧坦

拉烏尼翁

太　平　洋

豐塞卡灣

薩爾瓦多咖啡關鍵報告

全球市占率：0.41%

產季：10～3月

處理法：水洗，部分日曬

主要品種：阿拉比卡波旁、帕卡斯、帕卡瑪拉、卡杜拉、卡杜艾、卡提斯克

全球產量排名：全球第20大咖啡生產國

圖例

重要咖啡產區

產地

0 公里　　　　30

0 英里　　　　30

哥斯大黎加
COSTA RICA

哥斯大黎加的咖啡美味易飲，展現多層次的甘甜、精緻的酸度、多汁的口感，以及柑橘、花卉類的風味。

CENTRAL AMERICA 中美洲

尼加拉

聖埃倫娜半島

瓜納卡斯特山

帕帕加約灣

利比里亞●

瓜納卡斯特省

尼科亞半島

哥斯大黎加以其種植、生產的咖啡為豪，甚至禁止羅布斯塔種來保護阿拉比卡種，例如鐵比卡、卡杜拉以及薇拉羅伯。政府也頒布嚴格的環保法規，保護珍貴的生態系統與咖啡產業的未來。

哥斯大黎加目前有5萬多名咖啡農，其中大約九成是小農，各自擁有不到5公頃的土地。該國的咖啡產業已經歷一番革新，朝生產優質咖啡的目標邁進。產區附近設有數座小型處理廠，讓獨立或合作的咖啡農能處理自己的豆子，控制並提升其作物品質，而

且可以直接和來自全球各地的買家交易。

此一發展幫助年輕人能夠在全球少有的市場不穩定中，延續其家族莊園的經營。

LOCAL TECHNIQUE

「蜜處理」（honey process）是哥斯大黎加對「半日曬」（p21）的稱呼，依照果肉留存的比例由高至低，而有金蜜、黑蜜、紅蜜、黃蜜與白蜜。

哥斯大黎加咖啡關鍵報告

全球市占率：0.93%

產季：各區不同

處理法：水洗、蜜處理、日曬

主要品種：阿拉比卡鐵比卡、卡杜拉、卡杜艾、薇拉莎奇、波旁、瑰夏、薇拉羅伯

全球產量排名：全球第15大咖啡生產國

中央谷地（CENTRAL VALLEY）

這裡是中美洲最早種植咖啡的地區，目前居住人口也是最多的。大部分咖啡種植於海拔1,000至1,400公尺處，採收期則從11月到3月。

三河區（TRES RIOS）

三河區是位於聖荷西省東邊，介於塔拉蘇及中央鼓地之間的一小區域，海拔介於1,200至1,650公尺之間，產有經典、均衡的咖啡，產季從8月到2月。

阿雷納爾湖

阿拉胡埃拉省

埃雷迪亞省

哥　斯　大　黎　加

中　央　山　脈

蓬塔雷納斯省

蓬塔雷納斯

科亞灣

西部谷地

埃雷迪亞

聖荷西

中央谷地

卡塔哥省

利蒙省

利蒙

三河區　卡塔哥　圖里亞爾瓦

聖荷西省

歐羅西

塔拉蘇

中　央　山　脈

塔　拉　蘇

卡　山　脈

巴拿馬

蓬塔雷納斯省

布蘭卡

海　岸　丘　陵

杜爾塞灣

戈爾菲托

奧薩半島

西部谷地
（WEST VALLEY）

中央山脈的坡度不僅適合種植咖啡，更有一些海拔高達2,000公尺的地方，此區經濟條件較其他地區為佳，75%的農地被保留作森林。產季從11月到4月。

塔拉蘇
（TARRAZÚ）

海拔1,200至1,900公尺的塔拉蘇，也許是哥斯大黎加最知名的咖啡產區，主要品種為卡杜拉及卡杜艾，以遮蔭種植。許多分區的咖啡各有特色及多重風味，產季從11月到3月。

布蘭卡
（BRUNCA）

這個位於哥國最南端的產區從1950年代才開始種植咖啡，兩大產地為科托布魯斯（Coto Brus）及佩雷斯澤倫頓（Perez Zeledon），前者較為涼快潮濕，後者則是地勢較高，海拔達1,700公尺。產季從9月到2月。

圖例

● 重要咖啡產區

▨ 產地

0 公里　　　　　50

0 英里　　　　　50

尼加拉瓜 NICARAGUA

頂級尼加拉瓜咖啡的風味多樣，從甘甜、乳脂及巧克力牛奶到較為花香、精緻，各區的地方風味可說是各有千秋。

地廣人稀的尼加拉瓜要種出上好咖啡絕對不成問題，但在威力驚人的颶風和不穩定的政經局勢夾擊下，咖啡的生產和名聲都雙雙遭受打擊。儘管如此，咖啡依舊是其主要的出口貨物，生產者莫不渴望在精緻市場中重獲一席之地，紛紛在持續改善的基礎建設中加強其栽種技巧。

尼加拉瓜約有4萬名咖啡農，其中80％的農人各自所擁有的農地不到3公頃，活躍於海拔800至1,900公尺之間。此處的咖啡以阿拉比卡為主，包括波旁及帕卡瑪拉等品種。由於化肥資金短缺，因此咖啡樹多為有機種植。許多種植者將豆子賣給大型處理廠，造成生產履歷難以追蹤，但獨立農場已經開始與精緻咖啡買家直接接洽交易。

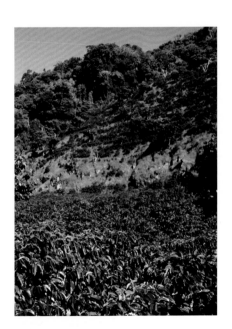

尼加拉瓜咖啡關鍵報告

全球市占率：1.45％

產季：10～3月

處理法：水洗，部分日曬及半日曬

主要品種：阿拉比卡卡杜拉、波旁、帕卡瑪拉、象豆、瑪拉卡杜拉、卡杜艾、卡帝汶

全球產量排名：全球第12大咖啡生產國

提高產量
為了提高咖啡樹的產量，農人開始以更有效率的方式進行修剪及施肥。

新塞哥維亞省
（NUEVA SEGOVIA）

新塞哥維亞省素來產有部分最出色的咖啡，酸度高、層次足，甜度均衡，並有豐富多樣的辛料及乾果風味。

希諾特加省
（JINOTEGA）

雖然希諾特加省是尼國第二大省，但咖啡產量卻高居第一，此區咖啡通常酸度高、口感清淡，帶有可可及莓果調性。

宏都拉斯

北大西洋自治區

卡貝薩斯港

加勒比海

新塞哥維亞省

奧科塔爾

希諾特加省

馬德里茲

埃斯特利省

阿帕納斯湖

伊

希諾特加

瑪塔加爾帕省

斯

貝

利

山

脈

蚊

海

岸

奇南德加省

奇南德加

雷昂省

尼　加　拉　瓜

博阿科

雷昂

馬拿瓜湖

南大西洋自治區

瑪塔萊斯省

馬拿瓜省

惠加爾帕

布盧菲爾茲

馬拿瓜

馬薩亞省

馬薩亞

格拉納達

卡拉索省

格拉納達省

尼加拉瓜湖

聖胡安河省

奧梅特佩島

里瓦斯省

哥斯大黎加

平　洋

馬德里茲
（MADRIZ）

馬德里茲過去隸屬新塞哥維亞省，是個名不見經傳的小地方，但產有一些清爽雅致的咖啡，後勢大有可為。

瑪塔加爾帕省
（MATAGALPA）

瑪塔加爾帕省產有部分尼加拉瓜最頂級的咖啡，其酸度被控制在有如檸檬，口感似乳脂，並帶細緻的花卉調性及顯著的甘甜風味。

埃斯特利
省（ESTELI）

面積不大的埃斯特利省或許默默無名，但卻產有絕佳的咖啡，均衡、甘甜而帶有醇和的口感、花香及黃色水果的調性。

圖例

重要咖啡產區

產地

0 公里　　　50

0 英里　　　50

宏都拉斯 HONDURAS

中美洲風味呈現強烈對比之最的咖啡來自宏都拉斯，從柔順、酸度低、帶堅果味而像太妃糖，到酸度極高的肯亞式咖啡，變化多端。

　　宏都拉斯是種得出純萃而多層次咖啡的地方，卻受基礎建設不佳及乾燥設施缺乏之累。

　　三個省分就包辦宏國過半數的咖啡產量。小農種植的以阿拉比卡種為主，包括帕卡斯及鐵比卡，通常自始即為有機栽種，且幾乎都是遮蔭種植。為了推廣地方精緻咖啡，全國咖啡協會（National Coffee Institute）在訓練及教育方面皆有所投資。

科潘省產區（COPAN REGION）

科潘省、奧科特佩克省、科爾特斯省、聖巴巴拉省以及部分倫皮拉省等地，共同打造出稠度醇厚、帶可可味且甜度高的科潘豆。

蒙德西猶斯（MONTECILLOS）

本區橫跨拉巴斯省、部分科馬亞瓜省、因蒂布卡省以及聖巴巴拉省，以擁有一些宏都拉斯境內海拔最高的咖啡農場，生產明亮帶柑橘味且層次豐富的咖啡而自豪。

阿加爾塔（AGALTA）

阿加爾塔橫跨奧蘭喬省及約羅省，所產的咖啡時有熱帶風味且甘甜，酸度高且帶巧克力調性。

圖例
- 🌑 重要咖啡產區
- ▨ 產地

0 公里　50
0 英哩　50

加勒比海

烏提拉島

宏都拉斯灣

瓜地馬拉

科爾特斯省
阿特蘭蒂達省
拉塞瓦
聖佩德羅蘇拉
約羅省
科隆省
九柘山脈
格拉西亞斯阿迪奧斯省
科潘產區
科潘省
聖巴巴拉省
宏 都 拉 斯
阿加爾塔
科潘省聖羅莎
奧蘭喬省
胡蒂卡爾帕
馬 德 雷 山 脈
奧科特佩克省
倫皮拉省
因蒂布卡省
科馬亞瓜省
科馬亞瓜
弗朗西斯科莫拉桑省
蒙德西猶斯
拉巴斯省
中央區
埃爾帕拉伊索省
德古斯加巴
山谷省
喬盧特卡
喬盧特卡省

宏都拉斯咖啡關鍵報告

全球市占率：4%

產季：11～4月

處理法：水洗

主要品種：阿拉比卡卡杜拉、卡杜艾、帕卡斯、鐵比卡

全球產量排名：全球第6大咖啡生產國

巴拿馬 PANAMA

巴拿馬咖啡甘甜而均衡，帶有花卉或柑橘香氣，面面俱到而易飲。特殊的品種如瑰夏，則相當昂貴。

CENTRAL
AMERICA
中美洲

大部分咖啡種在位於西部的奇里基省（Chiriquí），該地氣候及沃土提供適宜的種植環境，巴魯火山的高海拔則有助延緩熟成速度。此區主要生產阿拉比卡豆，包括卡杜拉及鐵比卡。農地面積屬中小型，為家族莊園，並有政府提供良好的處理設施及妥善的基礎建設。但經濟開發已逐漸威脅到農地，使得咖啡產業前景難測。

沃崗（VOLCAN）

部分海拔最高的農場即位於此處，規律的降雨及肥沃的土讓使巴魯咖啡的風味通常特別豐富且甘甜。

斯大黎加

博卡斯德爾托羅省

瑞納西米恩度

沃崗　博克特

奇里基省

奇里基省

奇里基灣

科伊瓦島

科隆

加通湖

科隆省

恩戈貝－布格雷特區

中央山脈

貝拉瓜斯省
聖地亞哥

奇特雷
埃雷拉省
阿蘇埃羅半島
洛斯桑托斯省

巴拿馬省
巴拿馬城　聖米格利托

巴拿馬灣
珍珠群島

科克萊省

達連灣

巴雅諾湖
庫納德馬頓干迪特區
聖布拉斯特區

拉帕爾馬

恩貝拉－沃內安特區

達連省

恩貝拉－沃內安特區

瑞納西米恩度
（RENACIMIENTO）

瑞納西米恩度是巴拿馬最北端的咖啡產區，因其交通不便而較不知名，與哥斯大黎加接壤，農地位於海拔2,000公尺高處，有潛力生產純萃、酸度高的咖啡。

博克特
（BOQUETE）

博克特是巴拿馬歷史最悠久、名聲最響亮的咖啡產區，涼快多霧，是世界上最昂貴的咖啡家鄉，風味從可可到果香，並帶微微的酸度。

圖例

⬛ 重要咖啡產區
▨ 產地

0公里　50
0英里　50

巴拿馬咖啡關鍵報告

全球市占率：0.07%

產季：12～3月

處理法：水洗及日曬

主要品種：阿拉比卡卡杜拉、卡杜艾、鐵比卡、瑰夏、新世界；少許羅布斯塔

全球產量排名：全球第36大咖啡生產國

萬國咖啡
CARIBBEAN
AND NORTH AMERICA
加勒比地區
及北美洲

墨西哥 MEXICO

墨西哥咖啡正逐漸在精緻市場上嶄露頭角，以甘甜、柔順、溫和而均衡的風味擄獲人心。

墨西哥有70％的咖啡種在海拔400至900公尺高處，而整個咖啡產業的從業人員則超過30萬人，其中大多數是擁地不到25公頃的小農。產能低、金融支援有限、基礎建設不佳且技術協助短缺，造成品質難以獲得改善。不過，精緻咖啡買家與有潛力栽種優質咖啡的生產者正逐漸搭上線，而在海拔1,700公尺處種植咖啡的企業和莊園也開始外銷其富含個性與變化多端的咖啡。

墨西哥生產的咖啡幾乎全都是水洗阿拉比卡豆，例如波旁以及鐵比卡。產季從11月由低地開始，直到3月左右終於海拔較高的地區。

苗圃中的咖啡幼苗
就跟大多數其他國家及地區一樣，墨西哥的咖啡樹苗也是誕生於苗圃（p16～17），受到遮蔭網的保護。

墨西哥咖啡關鍵報告

全球市占率：2.4％

產季：11～3月

處理法：水洗以及部分日曬

主要品種：90％阿拉比卡波旁、鐵比卡、卡杜拉、新世界、象豆、卡帝汶、卡杜艾、加尼卡；10％羅布斯塔

全球產量排名：全球第10大咖啡生產國

挑戰：產能低、金融及技術支援有限、基礎建設不佳

NORTH
AMERICA
北美洲

圖例
⬤ 重要咖啡產區
▦ 產地

0 公里　　200
0 英里　　200

普埃布拉州
（PUEBLA）

普埃布拉州是墨西哥第四大咖啡產區，咖啡種植在海拔1,400公尺高處，通常柔順而帶微微的堅果調性。

恰帕斯州
（CHIAPAS）

帕斯州的咖啡具有核果風味及可可調性，出自位於東南角與瓜地馬拉接壤的熱帶叢林，是墨西哥面積最大、最受歡迎的咖啡產地。

維拉克魯茲州
（VERACRUZ）

維拉克魯茲州位於墨西哥灣沿岸，咖啡在高低地皆有種植，展現多樣的風味與特性。

瓦哈卡州（OAXACA）

此區位於墨西哥南岸，咖啡最高種植在海拔1,700公尺處，稠度中等，帶有巧克力、杏仁調性以及清淡的酸度。

東馬德雷山脈
科阿韋拉州
蒙特雷
新萊昂洲
杜蘭戈州
杜蘭戈
塔毛利帕斯洲
薩卡特卡斯州
墨西哥山脈
聖路易斯波托西州
聖路易斯波托西
納里特州
特皮克
阿瓜斯卡連特斯州
瓜納華托州
萊昂
瓜達拉哈拉
哈利斯科州
克雷塔羅州
克雷塔羅
伊達爾戈州
科利馬州
莫雷利亞
米卻肯州
墨西哥城
托盧卡
墨西哥州
特拉斯卡拉州
普埃布拉
庫埃納瓦卡
莫雷洛斯州　普埃布拉州
格雷羅州
阿卡普爾科
南馬德雷山脈
瓦哈卡
瓦哈卡州
維拉克魯茲州
坎佩切灣
特萬特佩克地峽
圖斯特拉
恰帕斯馬德雷山脈
恰帕斯州
塔巴斯科州
加勒比海
猶加敦海峽
梅里達
猶加敦州
猶加敦半島
坎佩切
金塔納羅奧州
坎佩切州
太平洋

波多黎各 PUERTO RICO

波多黎各是面積最小的咖啡生產國之一，所產的
咖啡甘甜、酸度低，口感滑順圓潤，帶有雪松、
草本及杏仁調性。

　　由於政治波動、氣候變遷以及
生產成本居高不下等因素干擾，波
多黎各的咖啡產量逐年下滑。據估
計有將近半數的作物因缺工而無人
採收。

　　莊園位於中央山脈西部，從林
孔（Rincon）延伸到奧羅科維斯
（Orocovis），多在海拔750至850
公尺處，而海拔更高處也是有種植
咖啡，例如龐塞（Ponce）的最高
峰即高達1,338公尺。

　　主要種植品種為阿拉比卡豆，
包括波旁、鐵比卡、帕卡斯以及卡
帝汶。國產的咖啡只有三分之一內
銷，其餘則進口自多明尼加共和國
及墨西哥，但出口量並不大。

CARIBBEAN
加勒比地區

阿德洪塔斯（ADJUNTAS）

此區由於氣候涼爽、海拔高
達1,000公尺，被暱稱為「波
多黎各的瑞士」，當地咖啡
由來自地中海的移民引進。

哈尤亞（JAYUYA）

哈尤亞位於中央山脈的熱帶
雲霧森林中，海拔高度在波
多黎各位居第二，同時以該
邦固有首都著稱。

拉斯瑪麗亞斯（LAS MARIAS）

拉斯瑪麗亞斯除了號稱「柑橘水果
之都」外，咖啡也是其重要的農作
物，許多大莊園都在旅行社規畫的
波多黎各咖啡之旅路線上。

波多黎各咖啡關鍵報告

全球市占率：0.04%

產季：8～3月

處理法：水洗

主要品種：阿拉比卡波旁、鐵比卡、卡杜拉、
卡杜艾、帕卡斯、莎奇汶利馬尼、卡帝汶

全球產量排名：全球第42大咖啡生產國

圖例
- ⬤ 重要咖啡產區
- ▨ 產地

0公里　　30
0英里　　30

夏威夷 HAWAII

夏威夷咖啡均衡、澄淨、細緻、溫和，帶有牛奶巧克力的風味、微微的果酸及中等稠度，馥郁而甘甜。

NORTH
AMERICA
北美洲

夏威夷種植的咖啡品種以阿拉比加豆為主，例如鐵比卡、卡杜艾以及卡杜拉。由於市場行銷得當，造成夏威夷豆價格不斐，因此成為全世界部分最常遭仿冒的對象，尤其是來自可那（Kona）的豆子。島上規定必須至少含有10％來自可那的豆子才可掛上其名，但美國本土並無相關限制，頗受爭議。

生產和勞工成本很高，許多階段皆高度機械化。

可愛郡（KAUAI）

西北群島中的最大島可愛島，產有全夏威夷將近一半的咖啡，種植地點不僅高達海拔1,600公尺，在低如150公尺處亦能見其蹤影。

夏威夷郡（HAWAII）

冒納羅亞火山（Mauna Loa）周圍的可那、卡霧（Ka'u）、哈瑪庫亞（Hama-kua）及北希洛（North hilo）等地擁有肥沃的黑土使咖啡生長茂盛，島上大部分咖啡豆完全以水洗法處理。

茂宜郡（MAUI）

茂宜擁有夏威夷群島中的第二高海拔，幾乎經年皆有咖啡收成。60％的咖啡豆以日曬法處理，幾乎所有的咖啡在烘焙前就已售罄。

圖例

⬛ 重要咖啡產區

▨ 產地

0 公里　　50

0 英里　　50

夏威夷咖啡關鍵報告

全球市占率：0.14％

產季：9～1月

處理法：水洗及日曬

主要品種：阿拉比卡鐵比卡、卡杜拉、卡杜艾、摩卡、藍山、新世界

全球產量排名：全球第31大咖啡生產國

牙買加 JAMAICA

一些世界上行銷最成功、價格最高檔的咖啡即來
自於此，其豆子甘甜、柔順、圓潤，帶有堅果調
性及中度口感。

牙買加最著名的咖啡來自
藍山山脈，這些象徵性的豆子
不以黃麻或粗麻布袋運送，而
是裝在木桶裡。其價格之高，

導致常有參雜或整批的偽造單
品，目前正研擬相關措施加以
保護。除了藍山種外，鐵比卡
的種植數量也相當可觀。

藍山農場
藍山山坡上的牙買加咖啡農
場，其肥沃土壤富含礦物質。

CARIBBEAN
加勒比地區

中部及西部
（CENTRAL AND WEST）

本區位於特里洛尼區（Trelawny）、
曼徹斯特區（Manchester）、克拉
倫登區（Clarendon）及聖安娜區
（Saint Ann）的交界，儘管未冠上
藍山的名號，但牙買加其他地區所
栽植的品種其實一模一樣，差別在
於不同的微氣候及海拔較低，最高
僅1,000公尺。

東部（EAST）

藍山海拔2,256公尺，與波
特蘭區（Portland）、托
馬斯區（Thomas）接壤。
山區氣候涼爽多霧，非常
適合咖啡生長。

牙買加咖啡關鍵報告

全球市占率：0.01%

產季：9～3月

處理法：水洗

主要品種：阿拉比卡，多為鐵比卡、藍山

全球產量排名：全球第50大咖啡生產國

圖例

重要咖啡產區

產地

0 公里　　　30

0 英里　　　30

多明尼加共和國
DOMINICAN REPUBLIC

多明尼加有數個地處不同微氣候的咖啡產區，所產咖啡風味從巧克力、辛香，醇厚到帶花香、明亮而細緻，變化多樣。

由於不少多明尼加人飲用當地的咖啡，因此只有少量外銷。再加上長年低價及颶風災損，導致咖啡品質下降。其品種大多為阿拉比卡豆，例如鐵比卡、卡杜拉以及卡杜艾。目前已採取一些措施，期能改善咖啡品質。

產季
由於氣候不甚穩定、無明顯濕季，因此常年皆有咖啡果可採收。

加勒比海地區

西寶（CIBAO）

低地所產的咖啡醇厚、甘甜帶堅果味，海拔達1,500公尺處則是清淡帶花果香。

內巴（NEYBA）

位於巴魯奧可省（Baoruco）的內巴，周圍產有一些檸檬味最重、稠度低淡的咖啡，產季在11月到2月之間。

巴拉奧納省（BARAHONA）

巴拉奧納大概是所有生產咖啡的省分中知名度最高的，海拔在600至1,300公尺之間，其咖啡醇厚、酸度低，帶有巧克力調性。

圖例
- ⬯ 重要咖啡產區
- ▨ 產地

0 公里　50
0 英里　50

多明尼加咖啡關鍵報告

全球市占率：0.26%

產季：9～5月

處理法：水洗，部分日曬

主要品種：阿拉比卡大多為鐵比卡，部分卡杜拉、卡杜艾、波旁、象豆

全球產量排名：全球第25大咖啡生產國

古巴 CUBA

古巴的咖啡毀譽參半、價格高昂，通常醇厚而酸度低，甜度均勻，帶有菸草調性。

咖啡是在18世紀中期被引進古巴，其產量曾經在全球名列前茅，但在經歷政治動盪及經濟限制後，已被南美諸國超越。主要品種為阿拉比卡豆，包括薇拉羅伯及伊斯拉6-14（Isla 6-14）。古巴人的咖啡用量比其產量還大，因此只有少量外銷。島上僅一小部分海拔較高的地方能夠種植精緻等級的咖啡，而富含礦物質的土壤以及適當的氣候條件則是兩大利多。

古巴山脈
陡峭的古巴山脈帶來乾爽的氣候及妥適的日照。

西部（WEST）

由洛斯奧加諾斯山（Sierra de Los Organos）及羅薩里奧山（Sierra del Rosario）組成的瓜尼瓜尼科山脈（Guaniguanico），是古巴最西邊的咖啡種植地，同時也是生物圈保護區的一部分，所產咖啡較溫和、扎實，間或帶有辛香味。

中部（CENTRAL）

艾斯堪布雷（Escambray）及瓜姆阿雅（Guamuaya）山脈位於古巴中部南岸，綿延長達80公里，此地的咖啡最高種植到海拔約1,000公尺處，通常具有柔和的酸度、醇厚的口感以及雪松調性。

東部（EAST）

瑪爾斯特拉山（Sierra Maestra）及水晶山（Sierra Cristal）位於古巴東部南岸，海拔高度傲視全國，其中圖基諾峰（Turquino Peak）高達1,974公尺，為風味較豐富的精緻咖啡提供絕佳的氣候環境。

古巴咖啡關鍵報告

全球市占率：0.07%

產季：7～2月

處理法：水洗

主要品種：阿拉比卡薇拉羅伯、伊斯拉6-14；部分羅布斯塔

全球產量排名：全球第37大咖啡生產國

圖例

◯ 重要咖啡產區

▨ 產地

海地 HAITI

海地目前的咖啡大多為日曬處理，帶有堅果味及水果調性，水洗咖啡豆則是甘甜而帶柑橘調性，數量正在增加當中。

　　海地從1725年開始種植咖啡，產量曾經高達全球半數，但受到政治騷動及天然災害的影響，目前僅剩幾個咖啡產區以及為數不多的老練小農，而大量的內需市場更增加其挑戰。然而，高達2,000公尺的海拔以及遮蔭濃密的森林，使其咖啡產業仍舊深具潛力。海地種植的品種為阿拉比卡豆，例如鐵比卡、波旁以及卡杜拉。

CARIBBEAN
加勒比地區

阿蒂博尼特省（ARTIBONITE）及中央省（CENTRE）

儘管這兩個省的咖啡數量不及北部省（Nord），但貝拉德市（Belladere）、薩瓦納泰（Savanette）以及阿蒂博尼特小河鎮（Petite Riviere de l'Artibonite）等地區其實深具種植咖啡的潛力。

托爾蒂島
和平港
西北省
海地角
北部省
伊斯帕尼奧拉島　（西班牙島）
東北省
戈納伊夫
阿蒂博尼特省
安什
海　地
多明尼加共和國
戈納夫島
中央省
大鹽湖
傑瑞米
太子港
大灣省
西部省
奧　特　山
尼普斯省
南部省
東南省
萊凱
牛島
雅克梅勒

大灣省（GRAND' ANSE）

大灣省位於海地最西端，全國17萬5千戶咖啡農裡有絕大部分都在此耕種，其中多數所擁有的農地都不大，至多7公頃而已。

南部省及東南省（SOUTH AND SOUTHEAST）

海地南岸──尤其是與多明尼加共和國接壤處──有許多小農場，具備適合種植優質咖啡的生長環境。

海地咖啡關鍵報告

全球市占率：0.22%

產季：8～3月

處理法：日曬，部分水洗

主要品種：阿拉比卡鐵比卡、波旁、卡杜拉、卡帝汶、薇拉羅伯

全球產量排名：全球第28大咖啡生產國

圖例

● 重要咖啡產區

▨ 產地

0公里　　50
0英里　　50

咖啡設備
EQUIPMENT

義式咖啡機
ESPRESSO MACHINE

義式咖啡機仰賴幫浦壓力迫使水分流過咖啡粉，萃取出所需的咖啡液。只要正確使用，便可沖煮出小份而黏稠，濃郁而酸甜適中的咖啡。義式咖啡機的使用技巧可參閱p46～51。

暖機時間
標準的義式咖啡機大約需要20～30分鐘的時間暖機，以達到適合的溫度，在沖煮前務必記得。

所需材料

· 細研磨咖啡粉（p41）

填壓器
使用填壓器填壓咖啡粉，排出內部的空氣，使其成為緊實的粉層，並足以承受水壓，盡可能萃取出一致的咖啡液。橡膠填壓墊可保護桌面，避免遭圓盤壓損。

濾杯
咖啡粉被填裝在一個可移動的濾杯，再以壓扣固定。濾杯有大有小，可根據個人所欲沖煮之咖啡多少自由選擇。濾杯底部細孔的數目、形狀及尺寸都會影響沖煮的結果。

沖煮把手
沖煮把手是夾裝濾杯的手把，帶有單一或雙導流嘴。

壓力計

許多家用義式咖啡機標榜的高大氣壓力其實不甚實用。專業義式咖啡機的沖煮壓力通常設定為9大氣壓，蒸氣壓力則為1～1.5大氣壓。有些機器具備預浸的功能，在沖煮初期以低壓力讓咖啡粉輕輕吸水濕潤。

水溫

將水溫控制在90～95℃間，最能萃取出咖啡的絕佳風味。有些咖啡以熱水沖泡的口感較佳，有些則適合較涼的水。

沖煮頭

沖煮頭是將沖煮把手鎖上的地方，並透過金屬濾網將熱水排進咖啡粉層，浸濕後再均勻萃取。

鍋爐

義式咖啡機的內部通常含有一或二具鍋爐，提供沖煮所需的水並將其加熱，製造蒸煮牛奶所需的蒸氣，也有額外的熱水出水口供他用。

蒸氣噴嘴

蒸氣噴嘴應該可自由移動，以便調整成適合使用的角度。蒸氣管的噴嘴有多種樣式可供選擇，方便調整蒸氣的力道及方向。務必隨時保持乾淨，否則牛奶很快就會乾掉並黏著在機臺上。

法式壓壺 FRENCH PRESS

這個經典的壓濾壺（法語為cafetière）是沖煮好咖啡的絕佳器具，使用方法簡單快速——將水與咖啡一起注入法式壓壺後，再將濾網推至底部悶煮，能夠分離油脂與顆粒，讓咖啡的口感更順口。

所需材料

- 粗研磨咖啡粉（p41）
- 電子秤量取正確的咖啡粉及水分比例。

沖煮步驟

1 利用熱水將壓濾壺預熱後，將熱水倒掉，再把壓濾壺放在電子秤上秤重。

2 將咖啡粉倒入壓濾壺後再秤一次，咖啡粉與水的理想比例是30公克：500毫升。

3 沖入熱水，確認分量及溫度正確（最好是90～94℃）。

4 攪拌咖啡粉1至2次。

5 讓咖啡粉靜置悶蒸4分鐘，再次小心攪拌表面。

6 將表面的泡沫及懸浮物用湯匙撈起。

7 將壺壓蓋闔上，輕輕壓下濾網，直到咖啡渣被集中在底部。若是有困難，原因可能是咖啡粉分量太多、研磨度太細，或是悶蒸的時間不夠久。

8 讓咖啡液在壓濾壺中靜置2分鐘後再倒出。

清潔方式

- **通常可用洗碗機清洗**，請先確認型號。
- **拆解清洗**可避免咖啡粉及油脂殘留而導致苦或酸味。

活塞柱
透過活塞柱將濾網下壓，藉此將咖啡渣留在壺底，與咖啡液分離。

悶蒸時間
悶蒸4分鐘。濾網下壓後，讓壓濾壺額外靜置2分鐘，待雜質沉澱後再倒出。

濾網
倒出咖啡後，將濾網的部分拆解清洗（請見左側「清潔方式」）。

攪拌2次
悶蒸前攪拌使咖啡粉充分浸濕，悶蒸後攪拌則可促進沉澱。

濾紙手沖壺
FILTER POUR-OVER

透過濾紙沖煮能夠輕易地將咖啡直接滴入馬克杯或其他容器，而殘留的咖啡渣則可隨濾紙一併丟棄，是個乾淨又輕鬆的沖煮法。

濾紙
留住細粉及油脂。濾紙可能會影響沖煮的風味，使用漂白過的濾紙並充分用水濕潤，可去除紙味。

所需材料

- 中研磨咖啡粉（p41）
- 電子秤量取正確的咖啡粉及水分比例。

沖煮步驟

1 用溫水使濾紙充分濕潤，同時預熱濾架、耐熱壺或馬克杯，再將水倒掉。

2 將耐熱壺或馬克杯置於電子秤上，擺放濾紙後一起秤重。

3 將咖啡粉倒入濾紙後再秤一次，咖啡粉以及水的理想比例是60公克：1,000毫升。

4 注入少量熱水，90～94℃為佳，靜置悶蒸30秒，待膨脹鼓起的咖啡粉消去。

5 緩慢持續或反覆注入熱水，直到注入正確的水量。待水分完全濾過後，即可倒出咖啡飲用。

清潔方式

- 大部分的濾杯都是**可機洗**的。
- 使用**軟質海綿**及少許淡肥皂水將油脂及雜質清洗乾淨。

濾杯
濾杯放置在耐熱壺或杯具上。

濾架
用來支撐放有濾紙的濾杯。

注水
注水時，要使咖啡粉保持浸泡在水面下，或是一邊往中間注水，一邊使咖啡粉沿著濾紙邊緣膨脹。可依個人喜好自由選擇。

悶蒸時間
熱水約需3～4分鐘才可完全過濾。試試不同程度的研磨顆粒及分量，找出自己喜歡的沖煮時間及風味。

耐熱壺
讓咖啡滴入耐熱壺，或是直接滴入杯中。

濾布沖煮壺
CLOTH BREWER

濾布沖煮法是一種過濾咖啡粉的傳統方式，也被稱為「絲襪」或「法蘭絨」沖煮法，愛好者認為此法更勝濾紙，因過程不會透出紙味。由於通過濾布的油脂較多，故沖煮出的咖啡在口感方面有較豐富的表現。

所需材料

- **中研磨咖啡粉**（p41）
- **電子秤**量取正確的咖啡粉及水分比例。

沖煮步驟

1 在首次使用前，先用熱水澈底沖洗濾布並預熱。若是濾布經冷凍保存（見下方），則此步驟可同時使其解凍。

2 將濾布放在耐熱壺上，注入熱水預熱，再將水倒掉。

3 將耐熱壺置於電子秤上秤重。

4 倒入咖啡粉，咖啡粉與水的理想比例是15公克：250毫升。

5 注入些許溫度約90～94℃的熱水使咖啡粉濕潤，靜置悶蒸膨脹30～45秒，待中央鼓起處消退。

6 緩緩持續或反覆注入熱水，當所有熱水皆濾過後，即可將咖啡倒出。

清潔方式

- **重複使用** 將咖啡渣丟棄，並以熱水沖洗濾布，勿用肥皂。
- **保持濕潤** 可以浸濕後冷凍或以盒裝密封冷藏。

注水
在咖啡粉上注水時，小心別讓水溢出濾布，應緩緩注入，水量最多不超過濾布的四分之三。

濾布

過濾功能
當熱水注入咖啡粉時，咖啡粉粒會殘留在濾布上。

悶蒸時間
熱水約需3～4分鐘才可完全過濾。試試不同程度的研磨顆粒及分量，找出自己喜歡的沖煮時間及風味。

耐熱壺

愛樂壓 AEROPRESS

愛樂壓是一種快速簡潔的沖煮器具，能夠沖煮出醇厚的濾滴咖啡，或是濃烈（可加熱水稀釋）的濃縮咖啡。自由搭配不同研磨度、不同分量的咖啡粉以及施加不同的壓力，即可變出新花樣，是選擇非常有彈性的器具。

所需材料

- **中細研磨咖啡粉**（p41）
- **電子秤**量取正確的咖啡粉以及水分比例。

沖煮步驟

1　將壓筒放進沖煮座約2公分。

2　將愛樂壓倒過來——壓筒在下、沖煮座在上——置於電子秤上秤重。確認密封塞拴緊固定，而愛樂壓不會歪斜傾倒。

3　將12公克的咖啡粉倒入沖煮座後，再秤一次重量。

4　注入200毫升熱水，小心攪拌，避免將愛樂壓撞倒，靜置30～60秒後再攪拌一次。

5　將濾紙安裝於濾蓋上，以熱水澈底沖洗，再栓上沖煮座。

6　快速而輕巧地將愛樂壓反轉，使濾蓋在下，置於堅固的杯子或其他飲用器皿上。

7　將壓筒輕輕按下，使咖啡液滴入杯中即可飲用。

清潔方式

- **拆解** 旋開濾蓋並將壓筒按到底，即可清出殘留的咖啡渣。
- **清洗** 使用肥皂水沖洗乾淨，或使用洗碗機清洗。

另類沖煮法

不同於在步驟6才將愛樂壓翻轉置於杯上的作法，而是直接將已經裝上濾蓋的愛樂壓空筒置於杯上，再倒進咖啡粉及熱水。咖啡粉及熱水一注入後，須立刻將壓筒放進沖煮座，避免咖啡液滴入杯中。

壓筒
壓筒置於沖煮座內，用來將咖啡下壓，使其通過濾紙。

沖煮座
壓筒將沖煮座內的咖啡粉及熱水擠壓通過濾紙。

濾蓋
將濾紙放在濾蓋上，再拴上沖煮座固定。

虹吸式咖啡壺
SYPHON

虹吸式咖啡壺（賽風）提供了相當有趣
的視覺感官經驗，在日本尤其受歡迎。
利用虹吸式咖啡壺沖煮雖然費時，但這
過程正是其引人入勝的一部分。

所需材料

- **中研磨咖啡粉**（p41）

沖煮步驟

1　將接近沸騰的熱水倒進虹吸壺下
　　壺，水量依沖煮的咖啡杯數調整。

2　於上壺安裝濾布（從上方放入，將
　　通過導管的珠串掛鉤下拉，直到扣
　　住瓶口），珠串掛鉤須碰到虹吸壺
　　下壺的玻璃壁。

3　將導管輕輕放進下壺水中，上壺則
　　微微傾斜座落，不需封起。

4　點燃爐火，當水開始沸騰時，便將
　　上壺與下壺固定，不需栓緊，只要
　　確保密封即可。有些水會留在下
　　壺，大部分則會湧入上壺。

5　當上壺水滿後，再加入咖啡粉（咖
　　啡粉與水的比例約為15公克：200
　　毫升），攪拌數秒。

6　沖煮1分鐘。

7　再次攪拌咖啡，然後移開火源，使
　　咖啡回流。

8　待咖啡完全回流至下壺後，輕輕移
　　開上壺即可飲用。

清潔方式

- **濾紙**　直接丟棄後，再以肥皂水沖
　洗濾盤。

- **濾布**　使用p148的技巧。

沖煮壺

過濾裝置
濾紙或濾盤安放於
沖煮壺底部。

研磨好的咖啡粉
在熱水湧入沖煮
壺後，才倒入咖
啡粉。

水
使用接近沸騰的熱
水以加速過濾過程。

下壺
於此處盛裝熱水並
讓導管伸入。

加熱玻璃
隔著玻璃加熱須隨
時注意，虹吸壺以
及咖啡液都會相當
滾燙。

爐上式摩卡壺
STOVE - TOP POT

爐上式摩卡壺或摩卡壺利用蒸氣壓力沖
煮出濃郁的咖啡，造就其絲滑的口感。
與一般人觀念相反的是，摩卡壺並非設
計來沖煮濃縮咖啡，而是利用高壓賦予
咖啡強烈的風味。

所需材料

- 中研磨咖啡粉（p41）

沖煮步驟

1 於下壺中注入熱水至洩壓閥下緣。
2 將咖啡粉倒進濾杯（咖啡粉與水的
  比例大約是25公克：500毫升）再
  將表面抹平。
3 將濾杯裝在下壺，並將上壺旋緊在
  下壺上。
4 以中火加熱摩卡壺，將上蓋掀開。
5 注意觀察沖煮過程，從水滾到咖啡
  流出。
6 當咖啡開始變白或冒泡時，將摩卡
  壺移開火源。
7 待停止冒泡後即可飲用。

清潔方式

- **等待冷卻**　將摩卡壺靜置30分鐘後
  再拆解，或用冷水沖洗使之冷卻。
- **以海綿用熱水擦洗**　勿用肥皂水清
  洗零件，使用非腐蝕性的海綿或刷
  子及熱水即可。

掀蓋
沖煮時將上蓋
打開，方便觀
察整個過程。

加熱咖啡
摩卡壺加熱後會相
當燙手，因此務必
配戴隔熱手套以保
護雙手。

上壺

濾盤

研磨好的咖啡
不需擠壓咖啡粉，
只要抹平即可。

濾杯

沸水
使用接近沸騰的熱
水可避免產生過於突
兀的風味，同時有助控
制水溫，避免壺體過熱。

下壺

冰滴壺 COLD DRIPPER

使用冷水能沖煮出酸度低、冷熱飲皆宜的咖啡。不過要透過冷水萃取並不簡單，需要相當的時間以及一臺冰滴裝置。若是缺少器材，可將咖啡粉及水注入法式壓壺，冷藏過夜後再加以壓濾。

所需材料

- 中研磨咖啡粉（p41）

沖煮步驟

1 將上壺的出水閥關上，倒入冷水。

2 將中壺濾器澈底沖洗，然後倒入咖啡粉，咖啡粉與水的比例為60公克：500毫升。

3 輕輕搖晃使其均勻分布，再將另一個沖洗過的濾網覆蓋在上面。

4 打開出水閥，注入少量的水使咖啡粉濕潤並開始萃取。

5 調整出水閥至2秒1滴，或是每分鐘30～40滴。

6 當所有水皆滴出後，即可享受一杯純的冰咖啡，也可以冷水或熱水沖淡，甚至加冰塊飲用。

清潔方式

- **手洗**　依照製造商指示清洗。若是不確定，那就用熱水及軟布輕輕清洗，勿用肥皂水。以水沖洗濾布後，再冷藏或冷凍保存，留待下次使用。

沖煮時間
用冰滴法濾出500毫升的咖啡大約需花5～6小時。

冷水
在沖煮過程中，冷水會慢慢滴出。

上壺

中壺

濾器

沖煮特濃咖啡

另一個沖煮冰滴咖啡的方式是使用冰塊加上濾紙手沖壺、濾布沖煮壺或愛樂壓。準備60公克的咖啡粉及500毫升的熱水，將耐熱壺裝滿冰塊，沖煮時，冰塊會使咖啡冷凝並稀釋，達到正確的溫度及濃度。注意，此法會萃取出原先使用冰滴壺所沒有的酸類及化合物。

美式咖啡機
ELECTRIC FILTER-BREW

這個不起眼的咖啡機或許看似並非有趣的沖煮法，但若使用優質的咖啡豆以及新鮮的水，仍然可以做出絕佳的咖啡。由於咖啡渣很方便清除堆置，因此清洗起來相當容易。

沖煮時間
沖煮時間約需4～5分鐘。若是沖煮的咖啡過多，可將多餘的部分倒進預熱的保溫瓶保存。

所需材料

- **中研磨咖啡粉**（p41）
- **預熱的保溫瓶**以保存喝剩的咖啡。

沖煮步驟

1　將新鮮的冷水倒入咖啡機的給水槽。

2　澈底沖洗濾紙後，再將其置於濾杯中。

3　倒入咖啡粉（咖啡粉與水的比例大約是60公克：1,000毫升），輕輕搖晃濾杯使其均勻分布。

4　將濾杯裝回咖啡機，並開始沖煮程序。待機器沖煮完畢後即可飲用。

清潔方式

- **使用過濾水**　可減少水垢增生，有助保持加熱組件及輸水管線潔淨。
- **除水垢**　使用除水垢劑也是預防水垢增生的好方法。

新鮮的水
使用過濾或瓶裝水能夠避免產生水垢，並增添新鮮的風味。

濾杯

耐熱壺

滴滴壺 PHIN

越式滴滴壺利用靠重力下壓的篩子壓縮咖啡，操作簡易；中式滴滴壺的篩子則是拴上的，在萃取方面有更多控制的空間。各式滴滴壺的使用都相當人性化，可根據個人喜好自由調配研磨度及分量。

所需材料

- 中細研磨咖啡粉（p41）

沖煮步驟

1　將滴滴壺的壺身及壺托置於馬克杯上，然後注入熱水溫壺、溫杯，再將馬克杯裡的水倒掉。

2　將咖啡粉倒入壺底（咖啡粉與水的比例約7公克：100毫升），輕輕搖晃使其均勻。

3　放入篩子，稍微轉動以抹平咖啡粉。

4　朝篩子注入約三分之一的熱水，等待1分鐘讓咖啡粉膨脹。

5　注入剩下的熱水，闔上壺蓋保溫，待水慢慢滴下沖煮咖啡。4～5分鐘後，即可飲用。

清潔方式

- **可機洗**　大部分的滴滴壺都可以使用洗碗機清洗，但仍需閱讀說明書確認。

- **易清潔**　亦可以熱水及肥皂清洗殘留在金屬壺身及篩子上的咖啡脂。

沖煮時間
熱水應該在4～5分鐘左右滴完，若所花時間過長或過短，則可再做調整，找出適當的研磨度或分量。

壺蓋
壺蓋在沖煮時可保溫，沖煮後也可充當盛盤避免咖啡亂滴。

篩子

壺身

壺托

馬克杯

土耳其咖啡壺 IBRIK

土耳其咖啡壺（土耳其語cezve，希臘語briki，東地中海地區阿拉伯語rakwa，波斯語finjan，埃及阿拉伯語kanaka）為銅製，內壁鍍錫，帶長柄，在東歐及中東很受歡迎，能夠沖煮出獨特、厚重的口感。極細研磨的咖啡粉搭配加熱的次數及咖啡粉與水的比例，賦予咖啡完整的風味。

所需材料

- 極細研磨咖啡粉（p41）

沖煮步驟

1 將冷水倒入壺中，以中火煮至沸騰。

2 將咖啡壺移開火爐。

3 將咖啡粉倒入壺中，分量為1茶匙／1杯，可隨喜好加入其他調味料。

4 攪拌使咖啡粉溶解並與其他調味料混合。

5 重新將咖啡壺放回火爐上加熱，同時輕輕攪拌，直到開始冒泡，但勿使其沸騰。

6 將咖啡壺移開火爐，冷卻1分鐘。

7 再次將咖啡壺放回火爐上加熱，同時輕輕攪拌，直到開始冒泡，同樣勿使其沸騰。

8 舀起些許泡沫至杯中，再小心倒入咖啡。

9 靜置幾分鐘後，即可飲用。飲用至杯底的咖啡渣時即可停止。

清潔方式

- **用海綿清洗**　使用防磨損的海綿或軟刷以及些許熱肥皂水，以手洗的方式清潔咖啡壺。

- **保養**　內壁鍍錫的顏色可能日久變深，屬正常現象，毋須特別處理。

反覆加熱
隨個人喜好可以選擇只加熱一次，但透過反覆加熱，可沖煮出獨特的厚重口感。

把手
手持長柄需格外精準，在將咖啡倒入杯中時，必須緩緩進行，避免泡沫破裂。

壺身
傳統作法是將糖及香料與咖啡粉混合（p185的作法）。

那不勒斯顛倒壺
NEAPOLITAN

比起摩卡壺，那不勒斯顛倒壺可能較鮮為人知，儘管如此，還是能在世界各地的家中看到傳統的那不勒斯顛倒壺或翻轉壺。顛倒壺不是藉由蒸氣而是透過重力沖煮咖啡，這個器具需要較粗的研磨咖啡粉，沖煮出的咖啡苦味較少。

所需材料

- 中粗研磨咖啡粉（p41）

沖煮步驟

1　將水倒入沒有壺嘴的上杯，高度剛好不超過透氣孔。

2　將過篩圓筒放置水壺上，過濾處朝上方。

3　將研磨咖啡粉倒入（咖啡粉與水的比例約60公克：1公升）圓筒，轉上濾蓋。

4　將帶有壺嘴的下杯倒置上架，組裝好後放上火爐加熱至沸騰。

5　當蒸氣和水開始從小孔流出時，將咖啡壺從火爐移開。

6　拿著手把時請小心，將咖啡壺倒置，讓水過濾咖啡至壺中。

7　數分鐘後，將水壺與過濾器移開。蓋上蓋子讓咖啡保溫。

清潔方式

- 根據那不勒斯顛倒壺的材質，用肥皂手洗或用機器清洗。

蓋子

帶有壺嘴的下杯

濾蓋

裝咖啡粉的過篩圓筒

蓋子

裝水的上杯

準備使用的倒置壺

卡爾斯巴德壺
KARLSBADER

這款兼具美觀與易於使用的德國卡爾斯巴德壺，是少見帶有雙層陶瓷過濾器的沖煮器具，有了光滑的陶瓷過濾器代表不會有過濾紙或紗布來干擾口感，咖啡油脂與分子完美結合，因而成就豐裕、飽滿的咖啡體驗。

蓋子

接水盤

陶瓷過濾器

研磨粗細
嘗試找到適合的研磨顆粒讓咖啡粉不會從過濾器掉落，但又能留住水分，並保有足夠的萃取時間。

所需材料

- 粗研磨咖啡粉（p41）

沖煮步驟

1 將過濾器放在壺的上方。
2 加入咖啡粉與水，比例為60公克：1公升。
3 將接水盤放至上方，慢慢倒入剛滾好的水。
4 加入足夠的水後，移開過濾器，蓋上蓋子讓咖啡保溫。

清潔方式

- **陶瓷過濾器** 相當脆弱，請用肥皂和柔軟的刷子或布手洗。

注水壺

弄咖啡
THE RECIPES

卡布奇諾 CAPPUCCINO

煮法 **咖啡機**　　乳品 **鮮奶**　　溫度 **熱**　　分量 **2杯**

大部分義大利人會在早上喝一杯卡布奇諾，不過這款經典的早餐咖啡目前已經成為全球人隨時皆可享用的飲品。對許多擁戴者來說，卡布奇諾代表的是咖啡和牛奶的最佳組合，其比例再和諧不過。

所需材料

器具

中咖啡杯2只
義式濃縮咖啡機
牛奶鋼杯

材料

細研磨咖啡粉16～20公克
牛奶大約130～150毫升
巧克力或肉桂粉，選用

1 將杯子放在咖啡機上或是用熱水沖洗溫杯。使用p48～49的技巧，沖煮2杯各25毫升的濃縮咖啡。

2 蒸煮牛奶至60～65℃，避免過熱。當鋼杯底部燙到無法觸摸時，表示牛奶已經達到最適合飲用的溫度（p52～55）。

TIP
本作法是一次沖煮2杯，若只要1杯也很簡單，使用單人份濾杯及／或單導流嘴即可。如果真的不行，那就邀請朋友一起分享美味吧！

卡布奇諾原先只是義大利人的早餐飲料，
現在已經更上層樓，
成為風靡全球的時尚飲品。

3 將牛奶分別倒入杯中，泡沫
高約1公分，但保持些許咖
啡脂於杯緣，讓第一口能嘗
到濃烈的咖啡風味。

4 隨個人喜好用撒粉罐或小型網篩
撒一些巧克力或肉桂粉。

拿鐵咖啡 CAFFÈ LATTE

煮法 **咖啡機**　　乳品 **鮮奶**　　溫度 **熱**　　分量 **1杯**

拿鐵咖啡是義大利另一項經典的早餐飲料,跟其他以濃縮咖啡為基底的作法比起來,拿鐵咖啡的口感較溫和、奶味較厚重,目前也是風行全球、全天皆可飲用的咖啡。

牛奶 ————

濃縮咖啡 ————

中玻璃杯

1 將杯子放在咖啡機上或是用熱水沖洗溫杯。使用p48～49的技巧,**沖煮2杯各25毫升的濃縮咖啡**。若是玻璃杯過大無法放在導流嘴下,可先用較小的容器盛裝。

2 蒸煮**210毫升左右的牛奶**(p52～55)至大約60～65℃,或是鋼杯底部燙到無法觸摸為止。

3 若是先用較小的容器盛裝濃縮咖啡,則將其倒進飲用的玻璃杯後再倒入牛奶。以鋼杯就玻璃杯、左右來回輕晃的方式進行,目標是倒出一層5公釐厚的泡沫。有興趣的話,可以試試p60的鬱金香拉花。

上桌囉!　立即飲用,並搭配湯匙攪拌。若是想要有一層香綿的白色泡沫在上面,那就改用其他容器盛裝濃縮咖啡,先將牛奶倒進玻璃杯後,再倒入濃縮咖啡。

挑選可可或堅果調性馥郁的咖啡豆,
藉此中和蒸奶的甜味。

鮮奶濃縮咖啡 FLAT WHITE

煮法 **咖啡機**　　乳品 **鮮奶**　🌡️溫度 **熱**　分量 **1杯**

鮮奶濃縮咖啡源自紐澳，各地實際的作法則略有不同。鮮奶濃縮咖啡和
卡布奇諾很類似，但咖啡風味更濃、泡沫較少，通常會搭配較精緻的拉
花裝飾。

牛奶 ——————

濃縮咖啡 ——

中咖啡杯

1　將杯子放在咖啡機上或是用熱水沖洗溫杯。使用p48～49
的技巧，**沖煮2杯各50毫升的濃縮咖啡。**

2　蒸煮**130毫升左右的牛奶**（p52～55）至大約60～65℃，
或是鋼杯底部燙到無法觸摸為止。

3　倒入牛奶，採用p58～61的技巧，以鋼杯就玻璃杯、左右
來回輕晃的方式進行，目標是倒出一層5公釐厚的泡沫。

上桌囉！　請立即飲用，否則咖啡擺得越久，
牛奶會越來越黯淡。

試試帶果香味或日曬處理的咖啡豆，
和牛奶混合後，
會散發出一股令人想起
草莓奶昔的風味。

布雷衛 BREVE

煮法 **咖啡機**　　乳品 **鮮奶**　　溫度 **熱**　　分量 **2杯**

布雷衛是美版的經典拿鐵咖啡，與典型的濃縮咖啡基底飲品不同的是，有一半的牛奶改用單倍奶油（理想的乳脂肪含量是15％），沖煮出來的咖啡帶有鮮奶油的香甜滑順，可以當作甜點試試看。

所需材料

器具

中玻璃杯或咖啡杯2只
義式濃縮咖啡機
牛奶鋼杯

材料

細研磨咖啡粉16～20公克
牛奶60毫升
單倍奶油60毫升

1 將杯子放在咖啡機上或是用熱水沖洗溫杯。使用p48～49的技巧，沖煮2杯各25毫升的濃縮咖啡。

TIP
鮮奶油的蒸煮相當特別。一起蒸煮牛奶與鮮奶油時，發出的聲音比蒸煮純牛奶來得響亮，而打出的泡沫則比較少。

「布雷衛」一詞來自義大利文的「短暫」。
單倍奶油有助奶泡稠密的生成。

2 將牛奶及鮮奶油混合後，蒸煮至大約60～65℃，或是鋼杯底部燙到無法觸摸為止（p52～55）。

3 將鮮奶油及蒸煮牛奶倒入濃縮咖啡，讓咖啡脂及濃厚的泡沫融為一體。

瑪奇朵 MACCHIATO

煮法 **咖啡機**　　乳品 **鮮奶**　　溫度 **熱**　　分量 **2杯**

瑪奇朵是另一項義大利的經典咖啡，原意為「標記」，因其利用奶泡「標記」
濃縮咖啡以增加甜味的傳統而得名，又稱為咖啡瑪奇朵或濃縮咖啡瑪奇朵。

所需材料

器具

小咖啡杯2只
義式濃縮咖啡機
牛奶鋼杯

材料

細研磨咖啡粉16～20公克
牛奶100毫升

1 將杯子放在咖啡機上或是用熱水沖
洗溫杯。使用p48～49的技巧，沖
煮2杯各25毫升的濃縮咖啡。

TIP

傳統的義大利瑪奇朵只有
濃縮咖啡加奶泡，但一同加入
打奶泡過程所產生的溫牛奶
亦時有所聞。

只要用一丁點奶泡和些許甜味，
就是一杯道地的義大利瑪奇朵。

2 將牛奶蒸煮（p52～55）至
大約60～65℃，或是鋼杯
底部燙到無法觸摸為止。

3 小心舀起1～2茶匙的奶泡，分
別加至2杯濃縮咖啡的咖啡脂
上即可飲用。

摩卡咖啡 CAFFÈ MOCHA

煮法 **咖啡機**　　乳品 **鮮奶**　　溫度 **熱**　　分量 **2杯**

咖啡和黑巧克力的搭配可說是經典風味。在咖啡拿鐵或卡布奇諾中加入
巧克力塊、巧克力薄片、自製或現成的巧克力醬，便可搖身一變成為風
味豐富、點心似的微甜飲。

所需材料

器具

大玻璃杯2只
牛奶鋼杯
義式濃縮咖啡機
小咖啡壺

材料

巧克力醬4湯匙
牛奶400毫升
細研磨咖啡粉32～40公克

2 蒸煮牛奶（p52～55）
至大約60～65℃，或
是鋼杯底部燙到無法
觸摸為止。打入足夠
的空氣使奶泡層厚達1
公分。

3 將蒸奶小心倒進玻璃杯中，與
杯底的巧克力醬形成強烈的分
層效果。

1 量取適量的巧克力醬
倒進玻璃杯。

TIP

若是手邊沒有巧克力醬，可
用幾塊深巧克力或幾湯匙的
綜合熱巧克力粉代替，並且先
在其上滴幾滴牛奶，以利與咖
啡混合而不會結塊。

黑巧克力是最常見的組合，
若想品嚐更甜的風味，
可試試牛奶巧克力或兩者的混合。

4 使用p48～49的技巧，沖煮雙份／50毫升的濃縮咖啡進小咖啡壺，再注入牛奶中。

5 待濃縮咖啡與蒸奶混合後，即可飲用。佐以長匙輕輕攪拌，可確保其他成分溶解與咖啡混合。

TIP

若想品嚐更一致的巧克力風味，可先用咖啡壺將牛奶與巧克力醬混合。另外，在下次使用前務必澈底清洗蒸氣噴管的內外側。

咖啡歐蕾 CAFÉ AU LAIT

煮法 **咖啡壺**　　乳品 **鮮奶**　　溫度 **熱**　　分量 **1杯**

咖啡歐蕾是經典的法國早餐牛奶咖啡，傳統上會以無把手的大碗盛裝，以方便法式長棍麵包（baguette）直接沾來吃，而在寒冷的早晨將碗捧起來喝時，雙手更可藉此取暖。

所需材料

器具
滴濾咖啡壺
深平底鍋
大碗

材料
濃郁的滴濾咖啡180毫升
牛奶180毫升

1 手沖滴濾的方式
（p146～155）
備妥咖啡。

挑選咖啡

若想嘗試正宗的風味，請挑選深焙的豆子。法國人有個烘豆的傳統，會將豆子烘到稍微出油、苦中帶甜。這種豆子與大量全脂牛奶的搭配最為適合。

TIP
法式壓壺（p146）貌似沖煮咖啡歐蕾的最佳器具，但其實法國有許多人在家都是使用摩卡壺（p151），沖煮出的咖啡更為濃郁。

在爐上溫煮過的香甜牛奶
與濃郁深焙的滴濾咖啡有互補作用。

TIP

若想拿個東西沾沾咖啡歐
蕾,但又不喜歡法式長棍的
話,何不試試酥脆的可頌或
巧克力麵包?

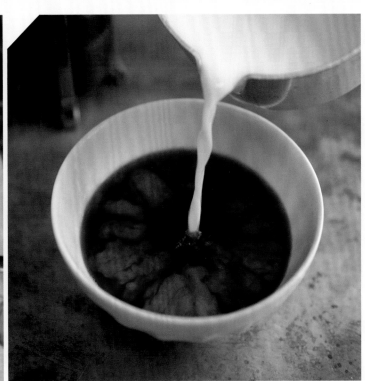

2 將牛奶倒進小的深平底鍋,以中火慢慢加熱約3~4分鐘至60~65℃。

3 將沖煮好的咖啡倒進碗中,再注入熱牛奶即可飲用。好好享受吧!

濃縮康寶藍 ESPRESSO CON PANNA

🥛 煮法 **咖啡機**　　　🥛 乳品 **鮮奶**　　🌡 溫度 **熱**　　📄 分量 **1杯**

「康寶藍」（con panna）在義大利文中是「帶有鮮奶油」的意思。香甜的生奶油可用做任何飲品的配料，例如卡布奇諾、咖啡歐蕾或摩卡，不僅讓賣相更佳，且可增添滑順的口感。

所需材料

器具

小咖啡杯或玻璃杯
義式濃縮咖啡機
攪拌器

材料

細研磨咖啡粉16～20公克
單倍奶油

1 將咖啡杯或玻璃杯放在咖啡機上或是用熱水沖洗溫杯。使用p48～49的技巧，沖煮單杯雙份／50毫升的濃縮咖啡。

TIP

若是偏好較柔順的口感，可將鮮奶油攪拌至黏稠、不僵硬即可，使其漂浮在咖啡之上，啜飲時濃縮咖啡將與鮮奶油融為一體，沖淡其濃度。

添加鮮奶油並非義大利的獨家祕方。
在維也納，
卡布奇諾上面也都會蓋著一層生奶油。

2 將鮮奶油倒進小碗，再用攪拌器攪拌幾分鐘，直到稠度足以塑形為止。

3 舀1湯匙鮮奶油到單杯雙份的濃縮咖啡上，佐以湯匙飲用，以便攪拌。

瑞斯崔朵及朗戈 RISTRETTO AND LUNGO

煮法 **咖啡機**　　乳品 **無**　　溫度 **熱**　　分量 **2杯**

與「正規」義式濃縮咖啡相對的是精簡的「瑞斯崔朵」，以及加長版的「朗戈」，差別在於通過咖啡粉的水量多寡。前者是限制其萃取的量，後者則是延展萃取時間，讓更多物質被溶出。

所需材料

器具
義式咖啡機
小玻璃杯或咖啡杯2只

材料
細研磨咖啡粉，每杯16～20公克

瑞斯崔朵

　　瑞斯崔朵是內行人喝的濃縮咖啡，為咖啡中的精華，能夠留下濃烈、持久的後韻。

2 大約流出15～20毫升的咖啡後，即可停止，以獲得特別濃縮而帶有厚重口感及強化風味的咖啡。

1 使用p48～49的技巧，沖煮2杯各25毫升的濃縮咖啡。

TIP
另一個選項是使用稍微更細緻的研磨度，或更多量的咖啡粉來限制水流以萃取更多物質，不過這些方法通常會導致不受歡迎的苦味增加。

瑞斯崔朵意指「受限」，
而朗戈則是代表「長遠」。
但出乎意料的是，
瑞斯崔朵的咖啡因含量較朗戈為少。

朗戈

朗戈是濃縮咖啡的溫柔版，透過較多的水量沖煮而成。

1 使用p48～49的技巧，沖煮2杯各25毫升的濃縮咖啡。

2 不在原本每杯達25毫升或萃取25～30秒後停止，而是繼續沖煮，直到滴出約50～90毫升之間的量。以較多的水萃取一般濃縮咖啡的粉量，可沖煮出略為苦澀，但口感較溫和、稠度較稀薄的咖啡。

TIP
使用容量為90毫升的小玻璃杯或咖啡杯來沖煮朗戈，能夠輕易地判斷萃取量，方便及時斷水，避免過量而影響風味。

美式咖啡 AMERICANO

煮法 **咖啡機**　　乳品 **無**　　溫度 **熱**　　分量 **1杯**

二戰期間在歐洲奮戰的美軍發現當地的濃縮咖啡太過濃烈，於是加入熱水稀釋，創造出濃度與滴濾咖啡相似、帶有部分濃縮咖啡風味的美式咖啡。

所需材料

器具

中咖啡杯
義式濃縮咖啡機

材料

細研磨咖啡粉16～20公克

1 將咖啡杯放在咖啡機上或是用熱水沖洗溫杯。使用p48～49的技巧，沖煮單杯雙份／50毫升的濃縮咖啡。

TIP

另一種作法是先將熱水注入杯中，預留雙份／50毫升濃縮咖啡的空間，此舉有助於咖啡脂漂浮在表面，使賣相更佳。

美式咖啡保留了濃縮咖啡
油脂及萃取物的口感，
同時降低其濃度。

2 小心將所需的滾水注入雙份
濃縮咖啡中，沒有固定的標
準比例，不過可以從1份咖啡兌4份
熱水開始，再隨時調整。

3 依個人喜好決定是否以湯匙舀起
咖啡脂，有些人喜歡這麼做，藉
此得到較澄淨而苦味較低的咖
啡。這個動作在注水前後完成皆
可，都能達到效果。

羅馬諾咖啡 ROMANO

煮法 **咖啡機**　　乳品 **無**　　溫度 **熱**　　分量 **1杯**

不需添加太多調味料，也可輕易讓濃縮咖啡做出變化。加入些許檸檬皮，即可替濃縮咖啡增添新鮮的柑橘調性，使其成為經典的濃烈咖啡。

濃縮咖啡 ————

小咖啡杯

1 使用p48～49的技巧，沖煮**單杯雙份／50毫升**的濃縮咖啡。

2 取1顆檸檬，用刮皮刀或刨絲器將皮刮下。

3 將檸檬皮輕輕摩擦杯緣，最後掛在杯緣上。

上桌囉！　以德麥拉拉蔗糖（demerara sugar）調味並立即飲用。

紅眼咖啡 RED EYE

煮法 **咖啡壺／咖啡機**　　乳品 **無**　　溫度 **熱**　　分量 **1杯**

若是一早感覺尚未清醒，或是需要一點咖啡因的刺激來保持活力度日，那就試試「紅眼咖啡」。多虧其振奮人心的咖啡因含量，因此又被暱稱為「晨喚鬧鐘」（Alarm Clock）。

濃縮咖啡 ————

滴濾咖啡 ————

大馬克杯

1 以法式壓壺（p146）、愛樂壓（p149）或其他咖啡壺沖煮**12公克中研磨咖啡粉**。將200毫升沖煮好的咖啡倒進馬克杯中。

2 使用p48～49的技巧，沖煮**單杯雙份／50毫升**的濃縮咖啡至小壺中。

上桌囉！　將濃縮咖啡注入滴濾咖啡中，並立即飲用。

古巴咖啡 CUBANO

🅖 煮法 **咖啡機**　🍼 乳品 **無**　🌡 溫度 **熱**　🥤 分量 **1杯**

古巴咖啡（又稱Cuban shot、Cafecito）是古巴相當流行的小杯甜品。
糖在經過義式濃縮咖啡機萃取後，會使咖啡滑順甘甜，可當作數種咖啡
雞尾酒的基底。

加糖
濃縮咖啡

小咖啡杯

1 將**14～18公克咖啡粉**與**2茶匙德麥拉拉蔗糖**混合，倒進義式
濃縮咖啡機的沖煮把手（p48，步驟1～3）。

2 用咖啡機萃取咖啡粉及糖，直到咖啡杯將近半滿為止。

上桌囉！ 可立即飲用，亦可作為濃縮咖啡雞尾酒的基底（p212
～217）。

檫木蜜糖咖啡 SASSY MOLASSES

🅖 煮法 **咖啡機**　🍼 乳品 **無**　🌡 溫度 **熱**　🥤 分量 **1杯**

檫木（sassafras）是一種原生於北美東部及東亞，會開花結果的樹
木，其樹皮提煉物通常被用來替麥根沙士調味。沖煮咖啡時，記得選用
不含檫木油精的檫木萃取液。

添加檫木
萃取液的
蜜糖濃縮
咖啡

小咖啡杯

1 舀**1茶匙蜜糖**倒進小咖啡杯中。

2 使用p48～49的技巧，沖煮**單杯雙
份／50毫升的濃縮咖啡**至蜜糖上。

上桌囉！ 添加**5滴檫木萃取液**，佐以湯
匙立即飲用。

圖巴咖啡
這款加料咖啡正在塞內加爾及其
他城市流行起來。

圖巴咖啡 （塞內加爾咖啡） CAFFÈ TOUBA Senegalese coffee

煮法 **咖啡壺**　乳品 **無**　溫度 **熱**　分量 **4杯**

圖巴咖啡是來自塞內加爾，以聖城圖巴命名的香料咖啡。將生豆佐以胡椒
及香料進行烘焙，再用研磨缽搗碎，透過濾布沖煮，嚐起來十分香甜。

濾滴加料
咖啡

大馬克杯

1 將**生豆60公克**、**胡椒粉1茶匙**以及**丁香1茶匙**倒進鍋中，以中火烘焙，並不斷攪拌。

2 達到預設的烘焙度（p36～37）後，將豆子從鍋中取出，並攪拌冷卻。

3 用研磨缽小心將咖啡豆及香料搗碎後，置於杯具上方的濾布（p148）中，再注入**沸水500毫升**。

上桌囉！ 可加**糖**，以馬克杯分裝後即可飲用。

北歐咖啡 SCANDINAVIAN COFFEE

煮法 **咖啡壺**　乳品 **無**　溫度 **溫**　分量 **4杯**

沖煮咖啡時加個蛋似乎有些詭異，不過蛋中的蛋白質能結合咖啡的酸、苦
成分，沖煮出有如無濾紙手沖咖啡的溫和口感。

咖啡加蛋

大馬克杯

1 將**粗研磨咖啡粉60公克**、**蛋1顆**及**冷水60毫升**攪和成糊狀。

2 將**1公升的水**倒進深平底鍋，煮沸後，再加入咖啡蛋糊，輕輕攪拌。

3 沸騰後，繼續加熱3分鐘再關火，加入**冷水100毫升**，靜待咖啡粉沉澱。

上桌囉！ 將咖啡倒進馬克杯時以篩子或紗布過濾，即可飲用。

布納（衣索比亞咖啡儀式）BUNA Ethiopian coffee ceremony

🍼 煮法 **咖啡壺**　　🥛 乳品 **無**　　🌡 溫度 **熱**　　🥛 分量 **10 杯**

布納是衣索比亞人與親朋好友進行社交儀式中的飲品。一邊以煤炭燃燒陣陣乳香（frankincense），一邊研磨咖啡豆，並以傳統的咖啡壺（jebena）沖煮。咖啡粉一共分3次沖煮，可喝到3杯非常不一樣的咖啡。

濃度不同的 ——
沖煮咖啡

小碗

1 將**生豆100公克**倒進平底鍋，以中火烘焙，攪拌直到豆子變深出油後，再以研磨缽磨成細粉。

2 將**1公升的水**倒入咖啡壺或深平底鍋，以中火加熱至沸騰，再倒入咖啡粉並攪拌，靜置5分鐘。

上桌囉！ 將第一沖的咖啡分裝成10碗，避免倒出咖啡粉，即可飲用。重新加入**1公升水**到壺中煮沸，倒出即成第二沖。最後再次加入**1公升水**，重複相同步驟，即味道最淡的第三沖。

我是你的越橘莓 I'M YOUR HUCKLEBERRY

🍼 煮法 **咖啡壺**　　🥛 乳品 **無**　　🌡 溫度 **熱**　　🥛 分量 **1 杯**

越橘莓是美國愛達荷州（Idaho）的代表水果，外觀及口感與藍莓相似；愛達荷州也種植大量蘋果，當地許多頂級的咖啡即以蘋果味作為特色，在沖煮咖啡時將蘋果加入其中。

蘋果香料 ——
越橘莓香料 ——

沖煮咖啡 ——

大馬克杯

1 以濾紙手沖壺（p147）或其他咖啡壺沖煮**250毫升的咖啡**以及**幾片蘋果**。若用手沖，則將蘋果切片置於咖啡粉上，再注入熱水；若使用法式壓壺（p146），則將蘋果泡在熱水壺中，再倒出熱水。

2 將咖啡倒進馬克杯中，再加入**越橘莓香料25毫升**及**蘋果香料1湯匙**。

上桌囉！ 可以**螺旋狀萊姆皮**或一些**蘋果切片**裝飾，並以**純糖漿**調味後即可飲用。

陶壺燒咖啡（墨西哥咖啡）CAFFÈ DE OLLA Mexican brew

煮法 **咖啡壺**　　乳品 **無**　　溫度 **熱**　　分量 **1杯**

墨西哥人使用傳統的陶壺（olla）來沖煮咖啡，格外多了幾分泥土氣息。
若是沒有陶壺，也可用一般的深平底鍋代替，還是可以帶出豆子的口感及
油脂，增添咖啡的稠度。

含糖
肉桂咖啡

陶杯

1 將水500毫升、肉桂枝2根及墨西哥粗糖（piloncillo）或黑糖50公克倒入深平底鍋中，以中火煮至沸騰，再轉小火煨燉，並持續攪拌直到糖粒完全溶解。

2 將平底鍋移開火爐，闔上鍋蓋，靜置5分鐘後，加入**中研磨咖啡粉30公克**，再次靜置5分鐘。將咖啡倒進馬克杯時，以細篩或紗布過濾。

上桌囉！　佐以肉桂枝飲用，不僅可提升視覺效果，更讓風味益發突出。

土耳其咖啡 TURKISH COFFEE

煮法 **咖啡壺**　　乳品 **無**　　溫度 **熱**　　分量 **4杯**

土耳其咖啡是以特別的長柄小咖啡壺（p155）沖煮而成，並以小碗飲用。
沖煮完成後，上方會有一層泡沫，底部則有厚重的沉澱物。

沖煮咖啡
及咖啡渣

小型咖啡杯

1 將**120毫升的水**及**2湯匙的糖**倒進土耳其咖啡壺或深平底鍋中，再以中火煮沸。

2 移開火爐後，加入**4湯匙極細研磨咖啡粉**，也可以加入**小荳蔻、肉桂**或**肉豆蔻**，攪拌至溶解。

3 如p155所示沖煮咖啡。舀起一些泡沫分別倒進4個碗，再小心注入咖啡，避免將泡沫沖散。

上桌囉！　靜置幾分鐘後再飲用，碰到碗底的咖啡渣時，便停止啜飲。

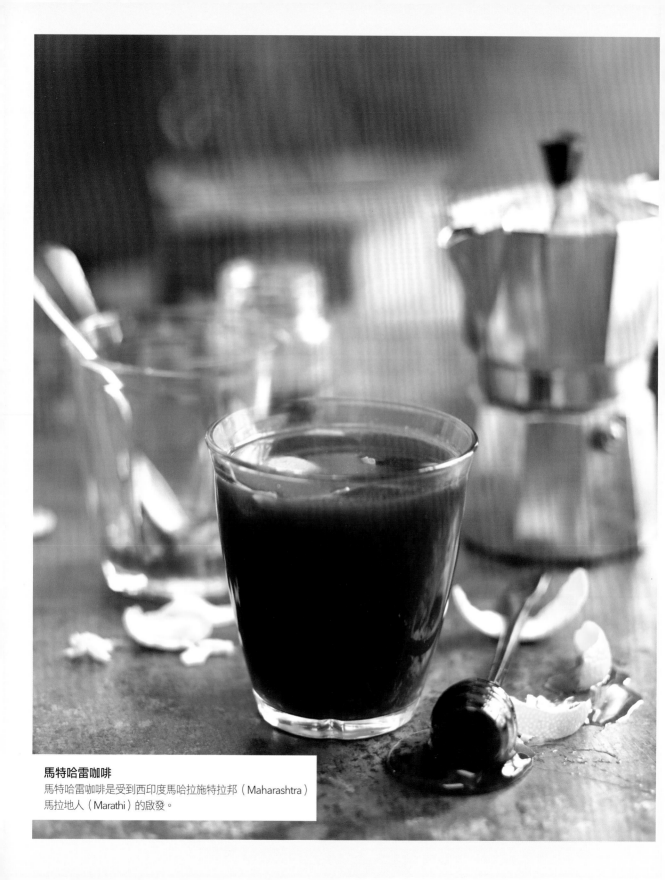

馬特哈雷咖啡
馬特哈雷咖啡是受到西印度馬哈拉施特拉邦（Maharashtra）
馬拉地人（Marathi）的啟發。

馬特哈雷咖啡 MADHA ALAY

煮法 **咖啡壺**　　乳品 **無**　　溫度 **熱**　　分量 **2杯**

覺得感冒即將上身時,來杯蜂蜜檸檬薑汁最合適不過,再加點威士忌,效果更是顯著。使用摩卡壺(p151)來沖煮,兩人份剛剛好。

沖煮咖啡

薰衣草蜜

小玻璃杯

1　使用p151的技巧,將**32公克**的粗研磨咖啡粉及**300毫升**的水裝入摩卡壺沖煮。

2　舀**1湯匙**的薰衣草蜜至各個玻璃杯,再將**1公分**的生薑(切碎)以及**半顆檸檬皮**平均放入各杯。

3　將**250毫升**的水煮沸,分別注入杯中至半滿,蓋過內容物,再靜置1分鐘。

上桌囉!　各杯分別倒入沖煮好的新鮮咖啡75毫升,一邊攪拌幫助薰衣草密溶解,可佐以湯匙飲用。

印尼薑汁咖啡 KOPI JAHE Indonesian coffee

煮法 **咖啡壺**　　乳品 **無**　　溫度 **溫**　　分量 **6杯**

在印尼,將生薑、糖以及咖啡粉煮沸,便是薑汁咖啡(Kopi Jahe即為印尼語的「咖啡生薑」),沖煮過程中加入肉桂、丁香等香料,可讓風味更加豐富。

甜薑
咖啡

大咖啡杯

1　將**6湯匙**的中研磨咖啡粉、**1.5公升**的水、**7.5公分**的生薑(切碎)和**100公克**的棕梠糖放入深平底鍋中(可自行選擇額外加入**2根**肉桂條及/或**3瓣**丁香),以中火煮沸,再轉為小火悶燒,攪拌至糖溶解為止。

2　移開火爐,靜置5分鐘,使生薑入味。

上桌囉!　用紗布過濾煮好的咖啡,平均倒進6個杯子中,即可飲用。

香草暖爐 VANILLA WARMER

煮法 **咖啡壺**　乳品 **無**　溫度 **熱**　分量 **2杯**

若要尋覓與咖啡互補的風味，香草的純粹簡潔可說是所向披靡。料理香草的方式有多種選擇，例如整株香草莢（如本作法）、粉末、糖漿、精華液，甚至是香草酒精。

沖煮
香草咖啡

大馬克杯

1 剝開**2株香草莢**，將香草籽加入裝有**500毫升水**的深平底鍋中，以中火加熱。煮至沸騰後，從火爐移開，將香草莢放在一旁，加**30公克的粗研磨咖啡粉**至鍋中，闔上鍋蓋，靜置5分鐘。

2 等待的同時，以糕點刷沾**1湯匙的香草香料**刷抹2只馬克杯內側。

上桌囉！ 用紗布過濾煮好的咖啡，倒進杯子後，再擺上香草莢，即可飲用。

賽風香料 SYPHON SPICE

煮法 **咖啡壺**　乳品 **無**　溫度 **熱**　分量 **3杯**

虹吸式咖啡壺（p150）最適合拿來調和咖啡粉以及香料（粉狀與否皆可）。添加香料時，最好使用濾紙或金屬濾盤，濾布則只在沖煮純咖啡時使用。

沖煮
香料咖啡

中咖啡杯

1 將**2瓣丁香**及**3粒多香果**放進3杯／360毫升大的虹吸式咖啡壺下壺，並裝入**300毫升的水**。

2 調配**肉豆蔻粉1／4茶匙**及**中研磨咖啡粉15公克**，在下壺的水升至上壺後倒入其中。等待1分鐘讓肉豆蔻粉及咖啡粉溶解後，再移開火爐，等咖啡流回下壺。

上桌囉！ 倒進3只咖啡杯後即可飲用。

加爾各答咖啡 CALCUTTA COFFEE

煮法 **咖啡壺**　　乳品 **無**　　溫度 **熱**　　分量 **4杯**

草本植物菊苣其根部經過烘焙處理並磨成粉後，在許多地方都被當作咖啡的替代品。加點肉豆蔻乾皮粉及些許番紅花絲，更可增添幾分異國情調。

沖煮
香料咖啡

1 將**1公升的水**倒進深平底鍋並加入**肉豆蔻乾皮粉1茶匙**以及**些許番紅花絲**，再以中火煮至沸騰。

2 從火爐移開，加入**中研磨咖啡粉40公克**以及**中研磨菊苣粉20公克**，闔上鍋蓋靜置5分鐘。

上桌囉！　以濾紙過濾滴進壺中，再倒至馬克杯，即可飲用。

中馬克杯

凱薩爾米蘭琪（奧地利咖啡）
KAISER MELANGE Austrian coffee

煮法 **咖啡機**　　乳品 **鮮奶油**　　溫度 **熱**　　分量 **1杯**

奧地利咖啡搭配的是蛋黃，這在北歐也是相當流行的組合。蛋黃加上蜂蜜賦予濃縮咖啡相當令人滿足的口感，若是再加上白蘭地，則風味會更加豐富。

鮮奶油

蜂蜜蛋液

義式
濃縮咖啡

1 使用p48～49的技巧，沖煮單份／25毫升的濃縮咖啡至玻璃杯中，**可自行選擇加入白蘭地25毫升**。

2 在一小碗中加入**蛋黃1顆**以及**蜂蜜1茶匙**，輕輕倒進濃縮咖啡中，使其漂浮在上方。

上桌囉！　頂端加上**鮮奶油1湯匙**，即可飲用。

小玻璃杯

椰子蛋咖啡 COCONUT-EGG COFFEE

煮法 **咖啡壺**　　乳品 **無**　　溫度 **熱**　　分量 **1杯**

本作法受到越南蛋咖啡的啟發，將煉乳換成椰子奶油，不但使口感層次增加，也讓不食乳製品者得以品嚐。

椰奶加蛋 ——

沖煮咖啡 ——

中玻璃杯

1 用越式滴滴壺（p154）或法式壓壺（p146）沖煮**120毫升**的咖啡，再倒進玻璃杯中。

2 攪拌**蛋黃1顆**以及**椰子奶油2茶匙**直到蓬鬆，再輕輕舀起置於咖啡中，使之飄浮其上。

上桌囉！　加入**德麥拉拉蔗糖**提高甜味，可佐以湯匙飲用。

甜蜜蜜 HONEY BLOSSOM

煮法 **咖啡機**　　乳品 **鮮奶**　　溫度 **熱**　　分量 **1杯**

蜜蜂在萬紫千紅中採蜜，所釀造之蜂蜜亦吸收了各式花蜜的特質。香橙花即為花蜜來源之一，而蒸餾水則可使本作法的風味更加突出。

義式
濃縮咖啡 ——

香橙花
牛奶 ——

香橙花蜜 ——

中玻璃杯

1 將**1湯匙香橙花水**加入**150毫升**的牛奶，蒸煮至大約60～65℃，或是鋼杯底部燙到無法觸摸為止（p52～55），並使奶泡層厚達1公分。

2 舀**1湯匙的香橙花蜜**至玻璃杯底，再倒入牛奶。

3 使用p48～49的技巧，沖煮**單份／25毫升**的濃縮咖啡至壺中，再倒進玻璃杯，使其穿透奶泡層。

上桌囉！　佐以湯匙飲用，方便隨時攪拌，幫助蜂蜜溶解。

蛋酒拿鐵 EGGNOG LATTE

煮法 **咖啡機**　　乳品 **鮮奶**　　溫度 **熱**　　分量 **1杯**

蛋酒拿鐵濃郁可口，因此成為節慶場合的常客。現成的蛋酒通常不含生蛋，若是選擇自製，則須注意感染或加熱時凝結的問題。

義式
濃縮咖啡

蛋酒
豆漿

中咖啡杯或玻璃杯

1 將**150毫升蛋酒**及**75毫升牛奶**倒進深平底鍋，以中火加熱並持續攪拌以免煮沸。將溫熱的蛋酒牛奶倒進咖啡杯或玻璃杯。

2 使用p48～49的技巧，沖煮**雙份／50毫升**的義式濃縮咖啡至小咖啡壺，再注入蛋酒牛奶中。

上桌囉！ 撒上新鮮現磨的**肉豆蔻**，即可飲用。

豆漿蛋酒拿鐵 SOYA EGGNOG LATTE

煮法 **咖啡機**　　乳品 **豆漿**　　溫度 **熱**　　分量 **1杯**

挑選優質品牌的豆漿和黃豆蛋酒來做無奶版的經典蛋酒拿鐵吧！還可加入成人限定的白蘭地、波本威士忌，或是用巧克力刨花代替肉豆蔻。

豆漿加
蛋酒

義式
濃縮咖啡

大咖啡杯

1 將**100毫升的蛋酒**及**100毫升的豆漿**倒進深平底鍋，以中火緩緩加熱，避免煮沸。

2 使用p48～49的技巧，沖煮一杯**雙份／50毫升**的義式濃縮咖啡。

3 將溫熱的蛋酒豆漿注入杯中的義式濃縮咖啡，然後攪拌。

上桌囉！ 依喜好加入**些許白蘭地**，撒上**肉豆蔻粉**即可飲用。

阿芙佳朵 AFFOGATO

煮法 **咖啡機**　　乳品 **冰淇淋**　　溫度 **冷熱交雜**　　分量 **1 杯**

以義式濃縮咖啡為基底的變化多樣，而阿芙佳朵則是最容易的其中一種。一球冰淇淋沉澱在濃烈的義式濃縮咖啡中，絕對可在任何餐後畫上最完美的句點。若要做較清淡的版本，可選用不含蛋的香草冰淇淋；若想要其他變化，可添加不同口味的冰淇淋。

義式濃縮
咖啡

香草
冰淇淋

小玻璃杯

1 挖**1球香草冰淇淋**至玻璃杯中。使用冰勺挖出的球形冰淇淋越完整，飲品的外觀就越吸引人。

2 使用p48～49的技巧，沖煮**雙份／50毫升的義式濃縮咖啡**，倒至冰淇淋上方。

上桌囉！　可佐以湯匙當作甜點食用，或是一邊啜飲一邊任其融化。

杏仁阿芙佳朵 ALMOND AFFOGATO

煮法 **咖啡機**　　乳品 **杏仁奶**　　溫度 **冷熱交雜**　　分量 **1 杯**

對患有乳糖不耐症者來說，杏仁奶是絕佳的替代品。杏仁奶或杏仁奶冰淇淋以杏仁粉加水、糖製成，非常容易在家自製。好好享受杏仁奶為咖啡所帶來的新鮮風味吧！

義式
濃縮咖啡

杏仁奶
冰淇淋

杏仁奶

小玻璃杯

1 將**25毫升的杏仁奶**倒進小玻璃杯中，並在上方加**1球杏仁奶冰淇淋**。

2 使用p48～49的技巧，沖煮**單份／25毫升的義式濃縮咖啡**，再倒至冰淇淋上方。

上桌囉！　撒上**肉桂粉半茶匙**及**杏仁碎片1茶匙**，即可飲用。

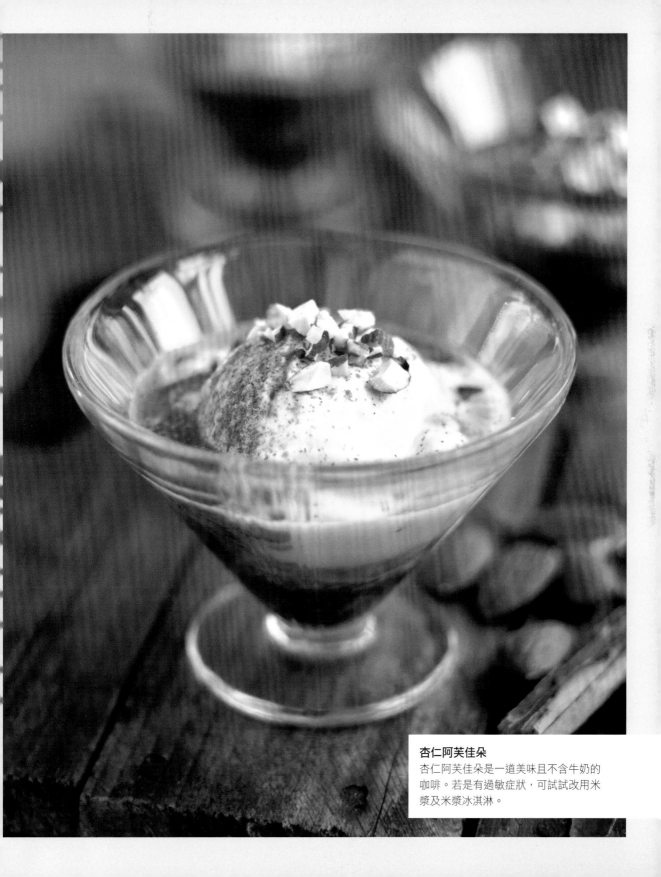

杏仁阿芙佳朵

杏仁阿芙佳朵是一道美味且不含牛奶的咖啡。若是有過敏症狀，可試試改用米漿及米漿冰淇淋。

杏仁無花果拿鐵 ALMOND FIG LATTE

煮法 **咖啡壺**　　乳品 **鮮奶**　　溫度 **熱**　　分量 **1杯**

無花果在世界上多種咖啡中都當作調味料，但很少作為原料。本作法將無花果與杏仁精混合，增加飲品風味的深度，使其成為另類的拿鐵咖啡。

義式
濃縮咖啡

加入杏仁
及無花果
的蒸奶

大咖啡杯

1 將**1茶匙的杏仁精**與**5滴無花果香料**加入**250毫升的牛奶**，以鋼杯蒸煮至大約60～65℃，或是鋼杯底部燙到無法觸摸為止（p52～55），再倒入咖啡杯中。

2 以法式壓壺（p146）、愛樂壓（p149）或其他咖啡壺沖煮**100毫升的咖啡**。若是喜歡更明顯的口感，可沖煮濃度兩倍的咖啡。

上桌囉！　將沖煮好的咖啡注入加味的蒸煮牛奶，即可飲用。

麻糬阿芙佳朵 MOCHI AFFOGATO

煮法 **咖啡機**　　乳品 **椰奶冰淇淋**　　溫度 **熱**　　分量 **1杯**

麻糬冰淇淋是被滑嫩如生麵團的米糊所包覆的冰淇淋，是相當受歡迎的日式甜點，本作法使用的麻糬以椰奶製成，乳糖不耐症者亦可飲用。

義式
濃縮咖啡
加椰漿

麻糬

小玻璃杯

1 將**1顆黑芝麻口味的椰奶麻糬**置於玻璃杯中。

2 使用p48～49的技巧，沖煮**雙份／50毫升的義式濃縮咖啡**至小咖啡壺。

3 將**50毫升的椰漿**與義式濃縮咖啡混合後，再倒至麻糬上方。

上桌囉！　佐以湯匙即可飲用。

鴛鴦（香港咖啡）YUANYANG Hong Kong coffee

煮法 **咖啡壺**　乳品 **煉乳**　溫度 **熱**　分量 **4杯**

大部分人不會想到將奶茶和咖啡混在一起，不過此一添加紅茶後的乳狀混合物倒是相當美味。鴛鴦原先是路邊攤販售的飲料，目前則是許多香港餐廳的最愛。

咖啡加茶 ————

中玻璃杯或馬克杯

1 將**2湯匙的紅茶葉**及**250毫升的水**加入容量1公升大的深平底鍋，以文火煮2分鐘。

2 將鍋子移開火爐並倒掉茶葉。拌入**250毫升的煉乳**，再次以小火加熱2分鐘，再移開火爐。

3 使用p146的技巧，以法式壓壺沖煮**500毫升的咖啡**，再倒進鍋中。以木質湯匙澈底攪拌。

上桌囉！　倒進4只玻璃杯或馬克杯，**加糖**後即可飲用。

煉乳熱咖啡（越南咖啡）
CA PHE SUA NONG Vietnamese coffee

煮法 **咖啡壺**　乳品 **煉乳**　溫度 **熱**　分量 **1杯**

製作煉乳熱咖啡不一定要用越南滴滴壺，不過越南滴滴壺確實是個相當乾淨且容易使用的沖煮法，用來製作黑咖啡也非常適合。本作法加入煉乳，使其喝起來香甜濃滑。

沖煮咖啡 ————

煉乳 ————

小馬克杯

1 將**2湯匙的煉乳**倒入馬克杯底；**2湯匙的中研磨咖啡粉**置於越南滴滴壺（p154）或濾紙手沖壺（p147）的壺底，搖晃均勻後再將頂部的過濾裝置旋上。

2 煮沸**120毫升的水**，將三分之一注入濾紙／濾蓋，讓咖啡粉膨脹1分鐘。鬆開濾蓋／濾紙幾圈後再注入剩下的熱水，大約可在5分鐘後滴完。

上桌囉！　佐以湯匙飲用，方便攪拌使煉乳融化。

金桶咖啡 POT OF GOLD

煮法 **咖啡壺**　　乳品 **無**　　溫度 **熱**　　分量 **1杯**

對乳糖不耐症患者來說，其實還有許多不含乳糖的奶品可以嘗試，包括堅果或種子奶。本作法使用生蛋，增添了絕佳的乳脂感。金光閃閃的卡士達讓整杯咖啡光彩奪目，因此得名「金桶」。

植物性
鮮奶油

蛋卡士達

沖煮咖啡

小馬克杯

1 使用p151的技巧，沖煮**100毫升**濃烈的摩卡咖啡。

2 接著製作蛋卡士達。打**1顆蛋**，僅取蛋黃與**2湯匙**的無乳糖卡士達在小碗中混合，再加入**1茶匙**的咖啡，攪拌均勻。

上桌囉！ 將咖啡倒進馬克杯中，接著放入蛋卡士達，最後加上**植物性鮮奶油**，還能撒些香草糖，即可飲用。

薑餅烈酒 GINGERBREAD GROG

煮法 **咖啡壺**　　乳品 **單倍奶油**　　溫度 **熱**　　分量 **6杯**

製作薑餅烈酒可能得多花點時間，但在寒夜中，美妙的香氣及美味的溫暖是值得等待的。大快朵頤後小酌一杯非常合適，豐富的奶油及糖分，用來代替甜點最是剛好。

咖啡加
鮮奶油

大馬克杯

1 將**1顆檸檬**及**1棵柳橙**剝皮切片，平均放在各馬克杯中。

2 使用法式壓壺（p146）或美式咖啡機（p153）沖煮**1.5公升**的咖啡。

3 將咖啡倒進壺中，加入**250毫升**的單倍奶油，再將咖啡加鮮奶油倒在柑橘皮上。

上桌囉！ 將**薑餅奶油**（見右頁）平均分在各馬克杯中，大約每杯1茶匙。待其溶化後即可飲用。

薑餅烈酒
薑餅奶油的作法是將2湯匙柔軟輕盈的有
鹽奶油與100g黑糖、各¼茶匙的多香
果、肉豆蔻、肉桂粉和丁香與2茶匙蘭姆
香精混合。隨著有鹽奶油融化、香料溶
解，表面會浮出細小的珍珠狀顆粒。

瑪克蘭咖啡（葡萄牙冰咖啡）
MAZAGRAN Portuguese Iced Coffee

🍳 煮法 **咖啡機**　🍼 乳品 **無**　🌡 溫度 **冷**　🥛 分量 **1杯**

瑪克蘭咖啡以濃烈的咖啡或義式濃縮咖啡製成，是葡萄牙版的冰咖啡。飲用時通常會以冰塊為底，搭配螺旋狀檸檬皮再加上微糖，有時還會再摻點蘭姆酒。

義式
濃縮咖啡

冰塊

小玻璃杯

1 將**3～4顆冰塊**及**1個檸檬角**放進玻璃杯中。

2 使用p48～49的技巧，沖煮**雙份／50毫升的義式濃縮咖啡**至冰塊上方。

上桌囉！ 依喜好加入**純糖漿**，可立即飲用。

義式濃縮冰咖啡 ICE ESPRESSO

🍳 煮法 **咖啡機**　🍼 乳品 **無**　🌡 溫度 **冷**　🥛 分量 **1杯**

讓一杯義式濃縮咖啡冷卻最快的方法是加入冰塊，若是與冰塊一起搖盪，還能製造出一層誘人的泡沫。試試不同種類的糖──白糖、德麥拉拉蔗糖或黑砂糖──變出截然不同的風味來吧！

義式
濃縮咖啡

冰塊

小玻璃杯

1 使用p48～49的技巧，沖煮**雙份／50毫升的義式濃縮咖啡**進小咖啡杯，可依喜好加糖。

2 將咖啡倒進裝滿**冰塊**的雪克杯，再用力搖盪。

上桌囉！ 在杯中放入些許**冰塊**，將咖啡過濾後倒入杯中即可飲用。

冰咖啡果茶 ICED CASCARA COFFEE

🍼 煮法 **咖啡壺**　🍶 乳品 **無**　🌡️溫度 **冷**　🏷️分量 **1杯**

咖啡通常是以烘焙過的豆子製成，不過有時咖啡樹的其他部分也能用來沖
煮一些傳統飲品，例如庫提（kuti）、歐哈（hoja）及咖許（qishr）。在
本作法中，像木槿子般的咖啡果乾讓整杯冰咖啡亮了起來。

咖啡冰塊
及咖啡
果乾冰塊

冰咖啡

中玻璃杯

1 要準備咖啡果乾冰塊，必須先用**咖啡果乾**泡茶。將泡好的茶
倒進製冰盤後放入冷凍庫，等待結冰。再以相同方式但改用
沖煮好的咖啡製作咖啡冰塊。

2 使用p152的技巧，以冰滴壺沖泡**150毫升的冰咖啡**。

3 將**咖啡果乾冰塊**及**咖啡冰塊**放進雪克杯，接著倒入冰咖啡及
1茶匙的咖啡乾果搖盪。

上桌囉！　倒進玻璃杯後即可享用。

完美沙士 ROOT OF ALL GOOD

🍼 煮法 **咖啡壺**　🍶 乳品 **無**　🌡️溫度 **冷**　🏷️分量 **1杯**

沙士及咖啡在冰冷的狀態下結合特別討人喜歡。本作法不含乳品，而是
使用椰漿提升其口感及甜度，與沙士相輔相成。

沖泡好的
冰咖啡

碎冰

椰漿

沙士香料

中玻璃杯

1 使用p152的技巧，以冰滴壺沖泡**150毫
升的冰咖啡**。

2 將**50毫升**現成的沙士香料以及**50毫升**
的椰漿倒進玻璃杯並充分混合。

上桌囉！　在上方加入碎冰並注入冰咖啡，
可搭配吸管飲用。

義式濃縮氣泡咖啡 SPARKLING ESPRESSO

煮法 **咖啡機**　　　乳品 **無**　　温度 **冷**　　分量 **1杯**

在義式濃縮咖啡中加入蘇打水看似非比尋常，但所導致的冒泡則相當
提神。不過要小心，貿然將兩者混合可能會引起泡沫爆發。

蘇打水

義式
濃縮咖啡

冰塊

小玻璃杯

1 在飲用前，先將玻璃杯冷凍1小時。

2 使用p48～49的技巧，沖煮**雙份／50毫升的義式濃縮咖啡**進
小咖啡壺。將玻璃杯裝滿**冰塊**後，再倒入義式濃縮咖啡。

上桌囉！ 在上方慢慢注入**蘇打水**，小心別讓泡沫噴發，完成後
即可飲用。

白雪公主 SNOW WHITE

煮法 **咖啡機**　　　乳品 **無**　　温度 **冷**　　分量 **1杯**

這杯冷飲使用大量冰塊結合了草莓與甘草，風味少見。鮮明的紅黑對比讓
人想起白雪公主的嫩唇秀髮，因以為名。

義式
濃縮咖啡
加糖

冰塊

草莓香料
甘草香料

中平底無腳杯

1 使用p48～49的技巧，沖煮**雙份／50毫升的義式濃縮咖啡**進
小咖啡壺，並拌入**1茶匙的白糖**。將義式濃縮咖啡及冰塊倒
進雪克杯，再用力搖盪。

2 將**1湯匙的甘草香料**及**1湯匙的草莓香料**倒進平底無腳杯，再
加入冰塊。

3 將咖啡濾出。在倒進杯中前，可**選擇加入50毫升的冰牛奶**，
讓風味更香濃滑順。

上桌囉！ 可佐以湯匙飲用，以便將所有原料拌勻。

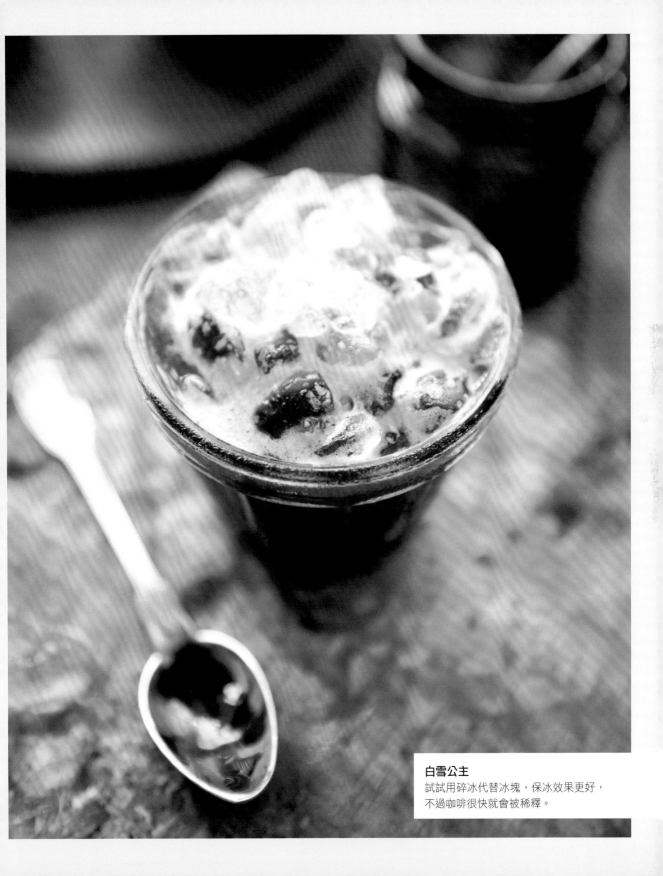

白雪公主
試試用碎冰代替冰塊，保冰效果更好，
不過咖啡很快就會被稀釋。

漂浮可樂咖啡 COFFEE COLA FLOAT

煮法 **咖啡機**　乳品 **豆奶冰淇淋**　溫度 **冷**　分量 **1杯**

市面上有許多優質的豆奶冰淇淋，即便患有乳糖不耐症，還是可以品嚐這款經典的漂浮可樂。可樂及咖啡混合後會產生大量氣泡，因此在調配時須特別注意。

可樂

濃縮咖啡

豆奶
冰淇淋

中玻璃杯

1 挖**1球豆奶冰淇淋**至玻璃杯底。

2 使用p48～49的技巧，沖煮**單份／25毫升**的義式濃縮咖啡，倒在冰淇淋上方後，再小心注入**可樂**。

上桌囉！ 佐以湯匙飲用。

冰拿鐵 ICE LATTE

煮法 **咖啡機**　乳品 **鮮奶**　溫度 **冷**　分量 **1杯**

炎炎夏日的消暑聖品冰拿鐵能夠搖製或攪拌、加糖或調味，並根據個人喜好量身訂做濃度。若是喜歡卡布奇諾的強烈口感，將本作法中的牛奶分量減半即可。

牛奶

義式
濃縮咖啡
冰塊

中玻璃杯

1 將玻璃杯裝滿一半的**冰塊**。使用p484～495的技巧，沖煮**單份／25毫升**的義式濃縮咖啡至咖啡壺，再倒進杯中。

上桌囉！ 上方加入**180毫升牛奶**，並以純糖漿（p162～63）調味。

還能這樣做 沖煮單份／25毫升的義式濃縮咖啡，與冰塊一起倒進雪克杯，再充分搖盪。將玻璃杯裝滿一半的冰塊，倒入180毫升的牛奶直到杯子的3／4。最後再將冰咖啡加入杯中，即可飲用。

榛果冰拿鐵 HAZELNUT ICE LATTE

煮法 **咖啡機**　　乳品 **榛果奶**　　溫度 **冷**　　分量 **1杯**

若要來杯複雜一點的無乳糖替代品,可以混合多種堅果及種子奶,並趁機
嘗試各種口感。以糖漿代替一般的糖調味,增添另一個層次的風味。

義式濃縮
咖啡加蜜糖

榛果奶

冰塊

豆奶
卡士達

中玻璃杯

1 使用p48~49的技巧,沖煮**雙份／50毫升**的義式濃縮咖啡至
小咖啡壺,並加入**2茶匙的蜜糖**,再倒進裝滿冰塊的雪克杯
充分搖盪。

2 舀**2湯匙的豆奶卡士達**至玻璃杯底並加入些許冰塊,再於其
上倒進**150毫升**的榛果奶。

上桌囉!　將咖啡倒入杯中,並佐以湯匙飲用。

米漿冰拿鐵 RICE MILK ICE LATTE

煮法 **咖啡機**　　乳品 **米漿**　　溫度 **冷**　　分量 **1杯**

米漿的香甜在眾多牛奶替代品中較為天然,雖然蒸煮時較不易起泡,但
卻因此適合用來製作冰咖啡。堅果萃取物和米漿很搭,而莓果也相當值
得一試。

果仁糖
義式濃縮咖啡
加米漿

中玻璃杯

1 使用p48~49的技巧,沖煮**雙份／50毫升**的義式濃縮咖啡至
小咖啡壺,並靜置冷卻。

2 將咖啡、**180毫升的米漿**及**25毫升的果仁糖香料**放進雪克
杯,加入**咖啡冰塊**(p199,「冰咖啡果茶」步驟1)並用力
搖盪。

上桌囉!　雙重過濾至玻璃杯中,佐以湯匙後可立即飲用。

冰摩卡
炎炎夏日的消暑聖品,在燒烤盛
宴後來一杯最是提神。

冰摩卡 ICE MOCHA

⬚ 煮法 **咖啡機**　　　乳品 **鮮奶**　🌡️溫度 **冷**　🥛分量 **1杯**

冰摩卡是冰拿鐵的變化，所用的巧克力醬帶來濃郁香甜的口感，相當受歡迎。若是想要更濃烈的咖啡風味，只要減少牛奶或巧克力醬的用量即可。

義式
濃縮咖啡 ―

牛奶 ―

冰塊 ―
巧克力醬 ―

中玻璃杯

1 將**2湯匙**的牛奶巧克力或黑巧克力醬倒進玻璃杯，再加入冰塊及超過**180毫升**的牛奶。

2 使用p48～49的技巧，沖煮**雙份／50毫升**的義式濃縮咖啡至小咖啡壺，再倒在牛奶上。

上桌囉！　佐以湯匙立即飲用，隨時攪拌使巧克力醬溶解。

煉乳冰咖啡（越南冰咖啡）
CA PHE SUA DA Vietnamese Iced Coffee

⬚ 煮法 **咖啡壺**　　　乳品 **煉乳**　🌡️溫度 **冷**　🥛分量 **1杯**

若是沒有越南滴滴壺，可改用法式壓壺（P146）或摩卡壺（p151）。煉乳冰咖啡和煉乳熱咖啡（p195）的作法相差無幾，雖然較為稀釋，但還是相當滑順香甜。

沖煮咖啡 ―

冰塊 ―

煉乳 ―

中玻璃杯

1 將**2湯匙**的煉乳倒進杯底，並裝滿冰塊。

2 將滴滴壺的濾蓋拿起（p154），倒進**2湯匙**的中研磨咖啡粉，搖晃均勻後再將濾蓋旋上。

3 將滴滴壺置於玻璃杯上。煮沸**120毫升**的水後，將1／4注入濾蓋。依照p154指示利用滴滴壺沖煮咖啡。

上桌囉！　攪拌使煉乳溶解後，即可飲用。

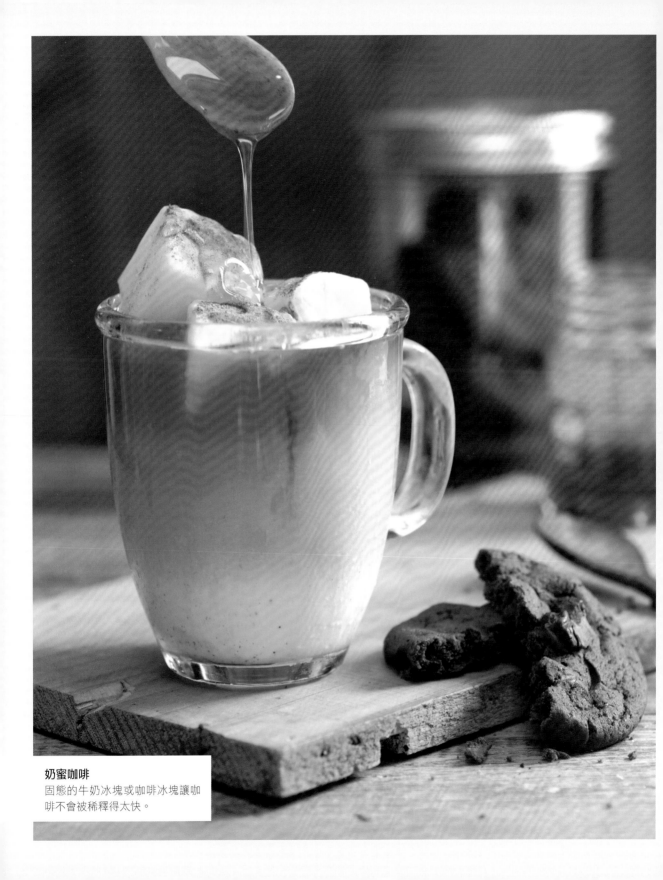

奶蜜咖啡
固態的牛奶冰塊或咖啡冰塊讓咖
啡不會被稀釋得太快。

奶蜜咖啡 MILK AND HONEY

煮法 **咖啡壺**　　乳品 **鮮奶**　　溫度 **冷**　　分量 **1杯**

蜂蜜是天然美味的增甜劑,不管冷熱飲都適用。在本作法中,可於咖啡冷卻前就加入蜂蜜,或是等到飲用前才拌入。至於牛奶冰塊,只要將牛奶倒入製冰盤冷凍即可。

特濃
冰滴咖啡

牛奶

石南蜜加
香草、肉桂

牛奶冰塊

長身玻璃杯

1 使用p152的技巧,以**冰塊**沖泡**100毫升的特濃冰咖啡**。

2 將**3～4個牛奶冰塊**放進杯中,再加入**半茶匙的香草萃取液**、**1湯匙的石南蜜**(heather honey)及**1／4茶匙的肉桂粉**。

上桌囉!　依序將**100毫升的牛奶**及咖啡倒進杯中,並佐以攪拌匙飲用。

咖啡冰沙 BLENDED ICE COFFEE

煮法 **咖啡機**　　乳品 **鮮奶／鮮奶油**　　溫度 **冷**　　分量 **1杯**

就跟咖啡奶昔一樣,這杯香甜滑順的調製飲料能夠以原味享用,也能隨意加入各種原料調味。若是喜歡較清淡的口感,將鮮奶油換成一般或低脂牛奶即可。

義式
濃縮咖啡
加牛奶、
鮮奶油

中玻璃杯

1 使用p48～49的技巧,沖煮**單杯雙份／50毫升的濃縮咖啡**至小咖啡壺。

2 將咖啡、**5～6個冰塊**、**30毫升的鮮奶油**及**150毫升的牛奶**倒進攪拌機中,打至滑順為止。

上桌囉!　加入**純糖漿**調味,倒進玻璃杯後以吸管飲用。

摩卡冰沙 FRAPPÉ MOCHA

煮法 **咖啡機**　乳品 **鮮奶**　溫度 **冷**　分量 **1杯**

想要替咖啡冰沙做點變化,可加入一些巧克力醬,並增加義式濃縮咖啡的
分量以平衡風味。若要較溫和的口味,可試試牛奶巧克力醬或白巧克力醬。

鮮奶油

咖啡
加巧克力牛奶

中玻璃杯

1 使用p48～49的技巧,沖煮**單杯雙份／50毫升的濃縮咖啡**至小咖啡壺。

2 將**咖啡、180毫升的牛奶、2湯匙巧克力醬及5～6個冰塊**倒進攪拌機中,打至滑順為止,再加入**純糖漿**調味。

上桌囉! 倒進玻璃杯中,於頂端放上**1湯匙的鮮奶油**,以吸管飲用。

巧克力薄荷冰沙 CHOC–MINT FRAPPÉ

煮法 **咖啡機**　乳品 **鮮奶**　溫度 **冷**　分量 **1杯**

巧克力薄荷冰沙就像把雀巢After Eight薄荷巧克力薄片浸到咖啡裡一樣,
是晚餐飯後的絕佳甜點。以義式濃縮咖啡為底,巧妙結合薄荷及巧克
力,口感濃醇滑順。可加入糖漿調味,並搭配巧克力薄荷享用。

咖啡
加巧克力牛
奶及薄荷

中玻璃杯

1 使用p48～49的技巧,沖煮**雙份／50毫升的義式濃縮咖啡**至小咖啡壺。

2 將**咖啡、5～6個冰塊、180毫升的牛奶、25毫升薄荷香料及2湯匙巧克力醬**倒進攪拌機中,打至滑順為止,再加入**純糖漿**調味。

上桌囉! 倒進玻璃杯中,以**巧克力刨片**及**薄荷葉**裝飾後即可飲用。若要增加視覺效果,可改用玻璃飛碟杯。

榛果冰沙 HAZELNUT FRAPPÉ

🔲 煮法 **咖啡機**　🍼 乳品 **無**　🌡️ 溫度 **冷**　📋 分量 **1杯**

榛果奶為相當合適與咖啡搭配的植物奶，方便在家自製。添加
香草，更可讓各種風味完美地結合。

**咖啡
加榛果奶香草**

中玻璃杯

1 使用p48～49的技巧，沖煮**雙份／50毫升**的義式濃縮咖啡至
小咖啡壺。

2 將咖啡、**200毫升**的榛果奶、**5～6個**冰塊及**1茶匙**的香草糖
倒進攪拌機中，打至滑順為止。

上桌囉！ 倒進玻璃杯中，以吸管飲用。

歐洽塔冰沙 HORCHATA FRAPPÉ

🍼 煮法 **咖啡壺**　🍼 乳品 **鮮奶**　🌡️ 溫度 **冷**　📋 分量 **4杯**

歐洽塔是一種拉丁美洲的飲品，以杏仁、芝麻籽、油莎草（tigernuts）
或稻米製成。香草及肉桂則是常見的調味料，自製或購買現成的皆可。

**咖啡
加米漿
歐洽塔**

小玻璃酒杯

1 使用p149的技巧，以愛樂壓沖煮**100毫升**的特濃咖啡。

2 將咖啡、**2湯匙**歐洽塔粉、**100毫升**米漿、**2根**香草莢種子、
半茶匙肉桂粉及**10～15個**冰塊倒進攪拌機，打至滑順為止。

上桌囉！ 加入**純糖漿**調味，並以**香草莢**及**肉桂枝**裝飾後即可飲用。

咖啡拉西 COFFEE LASSI

🔲 煮法 **咖啡機**　　🍶 乳品 **優格**　　🌡 溫度 **冷**　　🥤 分量 **1杯**

優格非常適合作為牛奶的替代品，能為冰沙增添新鮮的滋味以及相當於鮮
奶油或冰淇淋的口感。本作法中的一般優格亦可用一球優格冰代替。

咖啡
加優格

長身玻璃杯

1 使用p48～49的技巧，沖煮**雙份／50毫升的義式濃縮咖啡**至小咖啡壺。

2 將**5～6個冰塊**倒進攪拌機中，再注入咖啡靜置冷卻。

3 將**150毫升優格、1茶匙香草精、1茶匙蜂蜜**及**2湯匙巧克力醬**倒進攪拌機中，打至滑順為止。

上桌囉！ 可再添加蜂蜜調味，倒至玻璃杯中，以吸管飲用。

蘭姆葡萄冰淇淋 ICE CREAM RUM RAISIN

🔲 煮法 **咖啡機**　　🍶 乳品 **鮮奶**　　🌡 溫度 **冷**　　🥤 分量 **1杯**

蘭姆酒及葡萄乾是冰淇淋中常見的經典組合，與咖啡的搭配也相當適合，
畢竟是描述日曬咖啡豆風味時常出現的詞彙。

蘭姆
葡萄口味
咖啡

中玻璃杯

1 使用p48～49的技巧，沖煮**雙份／50毫升的義式濃縮咖啡**至小咖啡壺。

2 將咖啡、**120毫升牛奶、25毫升蘭姆葡萄香料**及**1球香草冰淇淋**倒進攪拌機中，打至滑順為止。

3 加入**純糖漿**調味，再倒進玻璃杯中。

上桌囉！ 可選擇於上方加點**鮮奶油**，以吸管飲用。

醉人香草 VOLUPTUOUS VANILLA

煮法 **咖啡機**　　乳品 **鮮奶**　　溫度 **冷**　　分量 **1杯**

製作冰沙時加入煉乳，能增添一種迷人、如絲綢般滑順的口感。若是希望不那麼甜，可以淡奶（evaporated milk）或單倍奶油代替。

咖啡加煉乳

小玻璃杯

1 使用p48～49的技巧，沖煮**單份／25毫升**的義式濃縮咖啡至小咖啡壺。

2 將咖啡、**100毫升牛奶**、**2湯匙煉乳**、**1茶匙香草精**以及**5～6個冰塊**倒進攪拌器中，打至滑順為止。

上桌囉！ 倒進玻璃杯中立即飲用。

麥芽特調 MALTED MIX

煮法 **咖啡機**　　乳品 **鮮奶**　　溫度 **冷**　　分量 **1杯**

非糖化麥芽粉（nondiastatic malt powder）被用於飲料中當作增甜劑，此處除了增添甜味外，還帶來濃厚宜人的口感。麥芽乳粉或巧克力麥芽也有同樣的效果。

義式濃縮咖啡加牛奶麥芽

啤酒杯

1 使用p48～49的技巧，沖煮**雙份／50毫升**的義式濃縮咖啡至小咖啡壺。

2 將咖啡、**1小球巧克力冰淇淋**、**5～6個冰塊**、**150毫升牛奶**以及**2湯匙麥芽粉**倒進攪拌器中，打至滑順為止。

上桌囉！ 倒進馬克杯中，並佐以**麥芽牛奶餅乾**立即飲用。

哥拉巴咖啡 CORRETTO ALLA GRAPPA

煮法 **咖啡機**　　乳品 **無**　　溫度 **熱**　　分量 **1杯**

卡瑞特咖啡（espresso corretto）是經過一份烈酒「調教」（correct）過的單份義式濃縮咖啡，通常用的是哥拉巴酒（Grappa），有時也用珊布卡（Sambuca）、白蘭地（Brandy）或干邑白蘭地（Cognac）。一般會在製作時就將酒加入，不過也可邊喝邊加。

哥拉巴酒
義式
濃縮咖啡

小咖啡杯

1 使用p48〜49的技巧，沖煮**單份／25毫升**的義式濃縮咖啡至咖啡杯。

2 將**25毫升**的**哥拉巴酒**或其他自選酒類倒在咖啡上。

上桌囉！ 請立即飲用。

蘭姆牛奶糖咖啡 RON DULCE

煮法 **咖啡機**　　乳品 **鮮奶油**　　溫度 **熱**　　分量 **1杯**

焦糖是一種與咖啡相當麻吉的風味。本作法結合焦糖咖啡與香甜綿密的牛奶糖醬（dulce de leche）、甘甜的卡魯哇利口酒（Kahlua）風味及蘭姆酒的陣陣暖意。

鮮奶油
義式
濃縮咖啡
卡魯哇
利口酒
蘭姆酒
牛奶糖漿

中玻璃杯

1 將**1湯匙牛奶糖醬**倒進玻璃杯中，再倒進**25毫升蘭姆酒**及**1湯匙卡魯哇利口酒**。

2 使用p48〜49的技巧，沖煮**雙份／50毫升**的義式濃縮咖啡至小咖啡壺，再倒在杯中的酒上。

3 將**25毫升的鮮奶油**攪拌至黏稠但不僵硬。

上桌囉！ 將鮮奶油以湯匙背面鋪在咖啡上即可飲用。

鏽色雪利丹 RUSTY SHERIDANS

🖥️ 煮法 **咖啡機**　🥛 乳品 **無**　🌡️ 溫度 **熱**　📃 分量 **1杯**

本作法源於「鏽釘」（Rusty Nail）──最著名的蜜蜂香甜雞尾酒──以威士忌為主軸，加入雪利丹（Sheridans）提升甜味，使咖啡風味更加突出。若要更鮮明的調性，將檸檬皮切成螺旋狀，再放進咖啡中即可。

威士忌
調酒

義式
濃縮咖啡

小玻璃杯

1 使用p48～49的技巧，沖煮**單份／25毫升的義式濃縮咖啡**至玻璃杯。

2 將**25毫升蜂蜜香甜酒（Drambuie）**、**25豪升的雪利丹**及**50毫升威士忌**倒進咖啡壺中混合，再小心注入杯中，並讓原有的咖啡脂保持浮在表面。

上桌囉！　以**螺旋狀檸檬皮**裝飾即可飲用。

愛爾蘭咖啡 IRISH COFFEE

🍼 煮法 **咖啡壺**　🥛 乳品 **鮮奶油**　🌡️ 溫度 **熱**　📃 分量 **1杯**

喬·雪利登（Joe Sheridan）於1942年首創愛爾蘭咖啡──結合「強如友善之手」的咖啡、「順如大地之智」的威士忌及糖與鮮奶油──從此成為全球最知名的特調咖啡。

鮮奶油

威士忌

沖煮
咖啡

愛爾蘭咖啡玻璃杯

1 使用p147的技巧，以濾紙手沖壺沖煮**120毫升特濃咖啡**。

2 將咖啡及**2茶匙紅糖**倒進玻璃杯中，攪拌直到紅糖溶解。

3 拌入**30毫升愛爾蘭威士忌**，輕輕將**30毫升鮮奶油**攪拌至黏稠而不僵硬。

上桌囉！　將鮮奶油以湯匙背面輕輕鋪在咖啡上即可飲用。

干邑白蘭地咖啡 COGNAC BRÛLOT

煮法 **咖啡壺**　　乳品 **無**　　溫度 **熱**　　分量 **1杯**

干邑白蘭地咖啡是經典的紐奧良白蘭地咖啡（Café Brulot）之變化，採用干邑或其他白蘭地為其酒底。白蘭地咖啡是朱勒斯·艾爾西亞托（Jules Alciatore）於美國禁酒時期在安東萬餐廳（Antoine's Restaurant）所發明，利用柑橘及香料巧地遮蓋住酒味。

沖煮咖啡

加味干邑白蘭地

白蘭地杯

1 將**30毫升干邑白蘭地**倒進玻璃杯中，以白蘭地加熱器保溫，再加入**1茶匙紅糖**、**1根肉桂枝**、**1瓣丁香**、**1片螺旋狀檸檬皮**以及**1片螺旋狀柳橙皮**。

2 以法式壓壺（p146）、愛樂壓（p149）或其他咖啡壺沖煮**大約150毫升的咖啡**，然後倒進杯中。若是酒杯的傾斜角度會使咖啡流出，則先將杯子從加熱器上取下再倒。

上桌囉！ 以肉桂枝攪拌直到糖溶解且所有原料皆均勻後，即可飲用。

馬丁尼濃縮咖啡 ESPRESSO MARTINI

煮法 **咖啡機**　　乳品 **無**　　溫度 **冷**　　分量 **1杯**

馬丁尼咖啡優雅一流，可依喜好選擇是否加入巧克力利口酒——例如可可香甜酒（Crème de Cacao）——提升甜味，若是不用可可香甜酒，則添加雙倍的卡魯哇利口酒即可。

調酒義式濃縮咖啡

馬丁尼杯

1 使用p48～49的技巧，沖煮**雙份／50毫升的義式濃縮咖啡**，並讓其稍微冷卻。

2 將咖啡與**1湯匙可可香甜酒**、**1湯匙卡魯哇利口酒**以及**50毫升伏特加**倒進雪克杯，加入**冰塊**後用力晃。只要先將咖啡及酒類調和，便可降低其溫度，減緩冰塊融化的速度。

上桌囉！ 雙重過濾至玻璃杯中，以**3顆咖啡豆**裝飾咖啡脂即可飲用。

柑曼怡巧克力咖啡 GRAND CHOCOLATE

煮法 **咖啡機**　乳品 **無**　溫度 **冷**　分量 **1杯**

巧克力加柳橙是經典的風味組合，與波本威士忌（Bourbon）、義式濃縮
咖啡結合後，豐富的香氣使其成為晚餐後眾人的最愛。另外也可嘗試熱
飲，只要不加冰塊即可。

波本威士忌
柑曼怡
咖啡
加巧克力
冰塊

小玻璃杯

1 使用p48～49的技巧，沖煮**雙份／50毫升義式濃縮咖啡**至小
咖啡壺，拌進**1茶匙巧克力醬**直到溶解。

2 將**4～5個冰塊**放進玻璃杯中後，倒入咖啡加巧克力。攪拌
直到咖啡冷卻，再加**1湯匙柑曼怡**（Grand Marnier）及**50
毫升波本威士忌**。

上桌囉！　以螺旋狀柳橙皮裝飾即可飲用。

蘭姆卡洛蘭 RUMMY CAROLANS

煮法 **咖啡壺**　乳品 **無**　溫度 **冷**　分量 **1杯**

有時候人就是想來點甘甜暖心的滋味，即使在喝冰雞尾酒也一樣。蘭姆酒與
愛爾蘭卡洛蘭奶油香甜酒（Carolans）的組合，加上由添萬利利口酒（Tia
Maria）所激發出的咖啡風味，正是人所需要的提神與慰藉。

咖啡
加添萬利
卡洛蘭

冰塊

中玻璃杯

1 在2個淺碟中分別倒入些許**蘭姆酒**及**糖**，將玻璃杯杯緣以蘭
姆酒沾濕，再浸入糖中。

2 以法式壓壺（p146）、愛樂壓（p149）或其他咖啡壺沖煮**75
毫升特濃咖啡**，倒進裝有**冰塊**的杯中。

3 將咖啡、**1湯匙添萬利利口酒**、**1湯匙愛爾蘭卡洛蘭奶油香甜
酒**、**25毫升蘭姆酒**以及**調味用的糖**倒進雪克杯搖晃。

上桌囉！　在杯中裝入**冰塊**，再將咖啡雙重過濾倒入杯中即可
飲用。

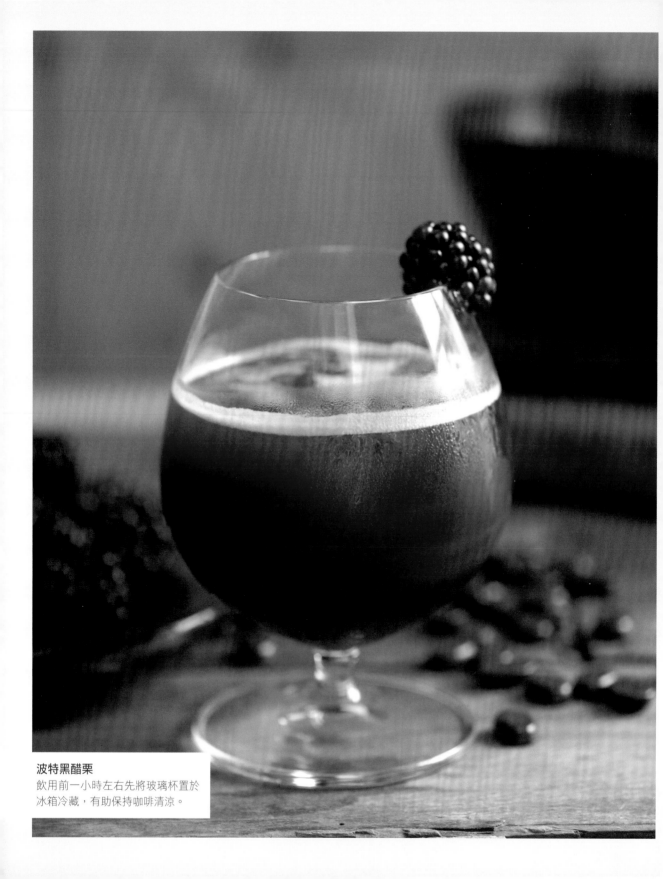

波特黑醋栗
飲用前一小時左右先將玻璃杯置於冰箱冷藏，有助保持咖啡清涼。

波特黑醋栗 PORT CASSIS

煮法 **咖啡機**　乳品 **無**　溫度 **冷**　分量 **1杯**

加強葡萄酒（fortified wine）和咖啡相當速配，尤其是以具備相同果香特質的豆子沖煮而成的義式濃縮咖啡。而黑醋栗酒（Crème de cassis）則可增添一層甜味，讓整杯咖啡更為圓滿。

波特酒
義式濃縮咖啡
黑醋栗酒
冰塊

白蘭地杯

1 將**4～5個冰塊**放進白蘭地杯，再倒入**25毫升的黑醋栗酒**。

2 使用p48～49的技巧，沖煮**單份／25毫升的義式濃縮咖啡**至白蘭地杯中，攪拌至冷卻，再緩緩倒入**75毫升的波特酒**。

上桌囉！　以**黑莓**裝飾後即可飲用。

推薦豆　優質肯亞豆中的水果與酒香調性能夠與莓果及波特酒相輔相成。

冰櫻桃白蘭地 COLD KIRSCH

煮法 **咖啡機**　乳品 **無**　溫度 **冷**　分量 **1杯**

這杯咖啡讓人想到黑森林蛋糕——液態的，所以可以搭配松露黑巧克力或濃郁的巧克力冰淇淋一起享用。記得待咖啡完全冷卻後才加入蛋白，並且雙重過濾以獲得濃滑的口感。

義式濃縮咖啡加白蘭地

高腳杯

1 將**冰塊**放進雪克杯後，使用p48～49的技巧，沖煮**雙份／50毫升的義式濃縮咖啡**，倒入杯中等待冷卻。

2 將**25毫升的干邑白蘭地**、**25毫升的櫻桃白蘭地**及**2茶匙的蛋白**倒入雪克杯後，晃蕩均勻，再雙重過濾至高腳杯中。

上桌囉！　以**純糖漿**調味後即可飲用。

專有名詞對照表 GLOSSARY

阿拉比卡 ARABICA
作為經濟作物的2種咖啡之一（另見「羅布斯塔」），品質較羅布斯塔優良。

處理廠 BENEFICIOS
咖啡加工廠（乾、濕處理廠），源自西班牙文。

模盤 BURRS
模豆機內的盤狀利刃，可將咖啡豆碾碎成粉狀以供手沖咖啡或咖啡機使用。

咖啡因 CAFFINE
咖啡內含的化學物質，有使人興奮、提神之效。

咖啡糠 CHAFF
烘烤後包覆在咖啡豆表面的薄層。

咖啡果 COFFEE CHERRY
咖啡樹的果實。
具有表皮包覆，中間有黏液、薄層，其中通常有兩顆種子。

冰釀咖啡 COLD-BREWED COFFEE
以冰滴壺及冰水沖泡的咖啡，或是以熱水沖煮後再冷卻的咖啡。

商業市場 COMMODITY MARKET
位於紐約、巴西、倫敦、新加坡及東京的咖啡交易市場。

咖啡脂 CREMA
浮在義式濃縮咖啡上的一層泡沫。

培育種 CULTIVAR
為了飲用而刻意栽培的變種。

杯測 CUPPING
品嚐及評鑑咖啡的作法。

排氣 DE-GASSING
讓咖啡豆排放出在烘培過程中所產生之氣體的作法。

小咖啡杯 DEMITASSE
通常只容量為90毫升、帶有把手的義式濃縮咖啡杯。

分量 DOSE
欲以水加以沖煮的咖啡粉量。

萃取 EXTRACTION
咖啡在沖煮時於水中溶出其物質的過程。

生豆 GREEN BEANS
尚未烘培的咖啡豆。

混種 HYBRID
由2種品種交配而成的咖啡。

果膠層 MUCILAGE
環繞內果皮而質黏味甜的果肉，在咖啡果實中包覆著咖啡種子。

日曬法 NATURAL PROCESS
將咖啡豆置於日照下曬乾的咖啡果實處理法。

圓豆 PEABERRIES
咖啡果實中單粒（而非一般的兩顆）圓形的種子。

馬鈴薯缺陷 POTATO DEFECT
受細菌感染而產生生馬鈴薯味及口感的咖啡豆。

半日曬法 PULPED NATVRAL PROCESS
將果皮去除但保留果膠層後，再進行日曬的咖啡果實處理法。

羅布斯塔 ROBUSTA
作為經濟作物的2種咖啡品種之一（另見「阿拉比卡」），品質不如阿拉比卡。

蒲隆地水洗廠 SOGESTAL
蒲隆地水洗廠的系統，也可說是協助肯亞社區咖啡發展的組織。

填壓 TAMPING
將咖啡粉擠壓進義式濃縮咖啡機之濾杯中的作法。

生產履歷 TRACEABILITY
咖啡的起始、來源、資訊及背景故事。

變種 VARIETY
在分類學中描述屬同一品種（如阿拉比卡）但其差異可資辨別的咖啡。

水洗法 WASHED PROCESS
透過浸泡或沖洗將果皮及果膠層去除後，再將剩下內果皮包覆的咖啡豆置於日光下曝曬的咖啡果實處理法。

索引 INDEX

作者 ABOUT THE AUTHOR

安納特·莫德維爾（Anette Moldvear）是平方英里咖啡烘焙坊（Square Mile Coffee Roasters）的共同創辦人，該公司位於英國倫敦，是一間獲獎無數的咖啡烘焙商。平方英里挑選、購買、進口、烘焙咖啡豆，並銷售給一般消費者及企業。安納特的咖啡職涯從1999年於其家鄉挪威擔任咖啡調理師開始，目前則是全年拜訪咖啡農，從全世界挑選出最棒的咖啡。

安納特在多項國際業界競賽中擔任評審，例如世界咖啡師大賽（World Barista Championships）、國際咖啡杯測賽（Cup of Excellence）及最佳美食獎（Good Food Awards），並開設咖啡講座，遍及歐洲、美國、拉丁美洲及非洲。安納特曾在2007、2008及2009年的世界咖啡師大賽中獲得最佳義式濃縮咖啡，並在2007年贏得世界盃杯測師大賽（World Cup Tasters Championship）冠軍。

Acknowledgments

Anette would like to thank:
Martha, Kathryn, Dawn, Ruth, Glenda, Christine, DK, Tom, and Signe; Krysty, Nicky, Bill, San Remo, and La Marzocco; Emma, Aaron, Giancarlo, Luis, Lyse, Piero, Sunalini, Gabriela, Sonja, Lucemy, Mie, Cory, Christina, Francisco, Anne, Bernard, Veronica, Orietta, Rachel, Kar-Yee, Stuart, Christian, Shirani, and Jose; Stephen, Chris, and Santiago; Ryan, Marta, Chris, Mathilde, Tony, Joanne, Christian, Bea, Grant, Dave, Kate, Trine, and Morten; Jesse, Margarita, Vibeke, Karna, Stein, and my coffee family and friends.

DK would like to thank:
FIRST EDITION
Photography William Reavell
Art direction Nicola Collings
Prop styling Wei Tang
Additional photography and latte art Krysty Prasolik
Proofreading Claire Cross
Indexing Vanessa Bird
Editorial assistance Charis Bhagianathan
Design assistance Mandy Earey, Anjan Dey, and Katherine Raj
Creative technical support Tom Morse and Adam Brackenbury

SECOND EDITION
Illustrations Steven Marsden (pp156–57)
Proofreading Katie Hardwicke
Indexing Vanessa Bird

Thanks also to Augusto Melendrez at San Remo. Key Fact statistics featured on pp64–141 are based on the 2013–2019 ICO figures, apart from those on pp101, 102, 108, 136, 137, and 138.

Picture credits
The publisher would like to thank the following for their kind permission to reproduce their photographs:

(Key: a-above; b-below/bottom; c-centre; f-far; l-left; r-right; t-top)

p17 Bethany Dawn (t); pp78, 134, 139 Anette Moldvaer; p99 Shutterstock.com: gaborbasch; p102 Getty Images/iStock: ronemmons; p116 Alamy Stock Photo: Jorgeprz

All other images © Dorling Kindersley
For further information see: www.dkimages.com

Original Title: The Coffee Book
Copyright © Dorling Kindersley Limited, 2014, 2021
A Penguin Random House Company

出版／楓書坊文化出版社
地址／新北市板橋區信義路163巷3號10樓
郵政劃撥／19907596　楓書坊文化出版社
網址／www.maplebook.com.tw
電話／02-2957-6096
傳真／02-2957-6435
作者／安妮特‧穆德維爾
翻譯／林晏生、邱鈺萱
責任編輯／周佳薇
校對／周季瑩
港澳經銷／泛華發行代理有限公司
定價／550元
初版日期／2022年8月

國家圖書館出版品預行編目資料

咖啡聖經：全新修訂版 / 安妮特‧穆德維爾
作；林晏生、邱鈺萱翻譯. -- 初版. -- 新北市
：楓書坊文化出版社, 2022.08　面；　公分

ISBN 978-986-377-793-9（平裝）

1. 咖啡

427.42　　　　　　　　111008427

FOR THE CURIOUS

www.dk.com